# R语言在多元统计分析中的应用

主　编　周防震　周　志

副主编　彭　木　杨　眉

华中科技大学出版社

中国·武汉

## 内容简介

本书系统介绍了R语言在数据分析和多元统计分析中的实践方法,共分为10章。第1章至第5章重点讲解R语言基础,涵盖数据整理与分析、统计假设检验、方差分析和正交试验设计及分析等内容,旨在帮助读者掌握R语言在低元数据中的统计分析与可视化应用。第6章至第10章为核心内容,详细探讨R语言在多元统计分析中的应用,包括多元线性回归、多元线性相关、多元非线性回归、多元聚类分析与主成分分析等内容,结合丰富的示例数据,引导读者熟练运用R语言解决实际问题。

本书以统计学的逻辑顺序展开,内容深入浅出,既适合R语言初学者,也适合有一定编程经验的读者,旨在为读者学习和应用多元统计分析提供实用指导,并激发读者对数据分析的兴趣。

**图书在版编目(CIP)数据**

R语言在多元统计分析中的应用 / 周防震,周志主编 . -- 武汉:华中科技大学出版社,2025.1. -- ISBN 978-7-5772-1563-1

Ⅰ. O212.4

中国国家版本馆CIP数据核字第20253GP581号

R语言在多元统计分析中的应用
R Yuyan zai Duoyuan Tongji Fenxi zhong de Yingyong

周防震　周　志　主编

策划编辑:范　莹

责任编辑:陈元玉

封面设计:原色设计

责任监印:曾　婷

出版发行:华中科技大学出版社(中国·武汉)　　　　电话:(027)81321913
　　　　　武汉市东湖新技术开发区华工科技园　　　　邮编:430223

录　排:孙雅丽

印　刷:武汉市洪林印务有限公司

开　本:787mm×1092mm　1/16

印　张:12.5

字　数:266千字

版　次:2025年1月第1版第1次印刷

定　价:42.00元

# 前　言

随着时代的快速发展和信息技术的日新月异，数据分析和编程在当今社会中的地位愈发重要。当解决复杂性问题时，往往涉及大量的变量，而传统的统计方法无法有效地处理这些复杂性问题。因此，需要借助一些更加强大的工具和技术来帮助我们揭示数据背后的规律与联系，以提供洞察力和决策支持。

多元统计分析是统计学中的一个重要分支，主要研究多个变量之间的相互关系和内在统计规律性。作为一门应用科学，多元统计分析具有深远的影响，广泛应用于各个领域。在众多编程语言中，R语言因其具有强大的统计分析功能和广泛的应用而备受关注。R语言具有丰富的统计分析功能、免费和开源的优势、强大的数据可视化功能以及灵活的可扩展性等特点，这使得它成为数据科学和统计分析领域的首选工具之一。R语言提供了丰富的统计分析函数和扩展包，使得我们能够灵活地处理和分析各种类型的数据。

本书共包括10章，其中第1章至第5章为R语言基础，简介R语言之后再围绕R语言在数据整理与分析、统计假设检验、方差分析和正交试验设计及分析中的应用展开，目的是介绍R语言在低元数据中的统计分析和可视化应用。第6章至第10章着重介绍R语言在多元统计分析中的应用，包括多元线性回归、多元线性相关、多元非线性回归、多元聚类分析与主成分分析等内容。本书以统计学惯用的逻辑顺序，系统而全面地介绍R语言的使用方法。无论是对于R语言初学者还是对于有一定编程经验的读者，本书都能提供深入浅出的指引。

通过本书，读者将学习如何进行数据的导入、整理和预处理，如何使用适当的多元统计方法进行分析，以及如何解释和呈现结果。本书将提供丰富的示例数据，在实际操作中引导读者熟练掌握R语言的相关函数和工具，让读者能够灵活应用多元统计分析的方法来解决实际问题。希望本书能够成为你学习和应用多元统计分析的重要参考资料，同时也希望本书能够激发你对于数据分析和多元统计分析的兴趣。

本书由湖北民族大学的周防震和周志担任主编，彭木（湖北民族大学）和杨眉（恩施职业技术学院）担任副主编。具体分工如下：杨眉编写第1章、第2章和第8章；彭木编写第3章和第4章；周志编写第5章和第6章；周防震编写第7章、第9章和第10章。在编写过程中得到了湖北民族大学食品科学与工程学科硕士点2021级、2022级和2023级研究生的大力支持；在出版过程中得到了湖北民族大学生物与食品工程学院及研究生处（学科建设与学位管理办公室）的领导和老师的大力支持。在此一并表示感谢！

　　本书可供综合性大学、师范类院校及农林院校的生物类和食品类相关专业的专科生、本科生和硕士研究生学习。同时，由于本书涉及的内容较多，错误之处在所难免，欢迎读者批评指正。

周防震

2024 年 7 月 12 日于恩施

# 目　录

# 第1章

# R语言简介

R是一种开源的编程语言,主要用于统计计算、数据分析和数据可视化。R语言之所以成为进行数据分析和可视化的强大工具,主要得益于其丰富的功能和库。可以使用R语言编写脚本和函数,通过调用函数和运行脚本来实现复杂的数据操作和统计分析。同时,R语言还具有丰富的绘图功能,可以创建高质量的数据可视化图形。

## 1.1 R语言和RStudio安装

如果计算机安装的是Windows系统,那么可以从R语言官网下载最新版本的R语言安装软件。官网地址为https://cran.r-project.org/bin/windows/base/。RStudio是目前最受欢迎的R语言编辑器之一,其主界面由4个板块组成,分别是左上角的代码区、左下角的代码执行区、右上角的环境变量和代码执行记录区,以及右下角的显示和帮助区(见图1-1)。

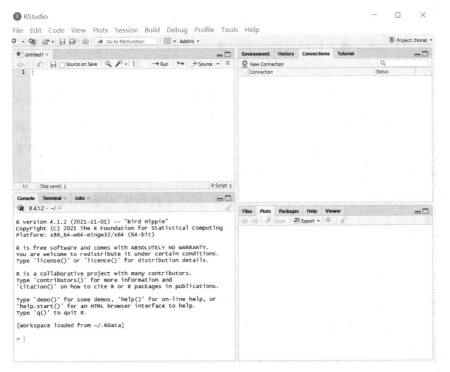

**图1-1 RStudio的主界面**

## 1.2　R包

R语言可以被定义为包含许多经典和现代统计技术(称为函数)的运行环境。这些技术中有一些是内置在R语言的基础环境中的,但更多的是借助扩展包(简称包)补充提供的。R包是R语言中的一个重要概念,是指包含特定功能的函数、数据集和文档的集合。R包分为基本包、备用包和捐赠包。查看当前哪些包被加载到内存中,可以在代码区输入search()。包的安装(确保计算机处于联网状态)方法为:在R的菜单交互界面下,单击"程序包";在RStudio中可以通过单击界面右下方菜单栏的"Packages\Install",或在左上角的代码区使用函数install.packages()进行安装。升级包的程序为update.packages()。

## 1.3　开始使用R语言

强大的编程语言和软件环境使得R语言广泛应用于统计分析和数据可视化。要开始使用R语言,可以按照以下步骤进行。

下载和安装R语言:从CRAN(Comprehensive R Archive Network)官网下载适合你操作系统的R语言安装包,并按照指示完成安装。CRAN是R语言的主要发行源,提供了最新版本的R语言软件。

安装RStudio:RStudio是一款广泛使用的R语言开发工具,它提供了一个集成开发环境(IDE),方便用户编写、调试和运行R语言代码。访问RStudio官网下载并安装适合你操作系统的版本。

学习基础知识:启动RStudio后,可以从基本的R语法开始学习。建议阅读R语言的官方文档或参考书籍,如《R语言实战》或《R for Data Science》,以建立对R语言的基本理解。也可以参考本书,进行快速实战和提升。本书第1章至第5章主要介绍了R语言在基础统计学中应用的知识,第6章至第10章主要介绍了R语言在多元统计中应用的知识。

安装常用的R包:R包扩展了R语言的功能,提供了各种统计分析和数据处理工具。可以使用install.packages("包名")命令来安装你需要的包。例如,install.packages("ggplot2")用于数据可视化。

编写和执行代码:在RStudio中,可以在脚本窗口编写代码,并在控制台窗口中运行。尝试一些简单的操作,如print("Hello,R!")用来熟悉代码的执行过程。

通过以上步骤,可以顺利开始使用R语言进行数据分析和统计建模。

生活中可以把R语言当成一个计算器,执行常用的加、减、乘、除运算。进行统计分析时,遇到疑问,获取帮助的方法也很简单,可以输入help()或者?(),如"help(mean)"或"?mean"

表示咨询"什么是平均数函数"或"平均数函数的用法"。用"ls()"列出当前工作空间中的所有对象。而工作目录获取和设定分别用"getwd()"和"setwd()"函数。保存和打开文件可以直接用save.image("MyFile.Rdata")和load("MyFile.Rdata")命令。

## 1.4　R语言的数据类型

R语言的数据类型包括向量、因子、矩阵、数组、列表和数据框等。下面以向量为例来看看R语言中代码区数据输入的方法。

```
x1 <- c(2,4,1,-2,5)                  #向量x1由5个元素组成
x2 <- seq(from = 2,to = 10,by = 2)    #向量x2由2到10之间间隔为2的数列组成
x3 <- c("one","two","three")          #向量x3由3个非数值型元素组成
x4 <- c(TRUE,FALSE,TRUE,FALSE)        #向量x4由4个逻辑变量组成
x <- seq(from = 3,to = 100,by = 7)    #向量x由3、10、17、24、31、38……组成
x[5]        #提取变量x中的第5个元素,代码运行的结果是31
x[c(4,6,7)]
#同时提取变量x中的第4、6、7三个元素,代码运行的结果是24 38 45
x[-(1:4)]
#提取变量x中除第1个到第4个元素以外的其他元素,代码运行的结果是31 38 45 52 59 66 73
 80 87 94
```

"<-"表示赋值的意思,即后面的数据赋值给前面的变量。需要注意的是,代表赋值的两个符号之间不允许有空格。代码区中"#"后面的内容,R语言视为注释内容,不会加以运行。

## 1.5　用R获取数据

### 1.5.1　获取内置的数据集

获取内置数据集的代码如下:

```
data(package = "datasets")
data(iris)
iris
```

"iris"数据集分别给出了来自3种鸢尾花中每种50朵花的萼片长度和宽度,以及花瓣长度和宽度变量的厘米测量值。这些物种是iris setosa、versicolor和virginica。值得注意的是,

这里的数据集"iris"在基本包里面,因此可以不需要加载包的命令。再看另一个脚本程序,如下:

```
library(MASS)    #MASS的版本号为7.3-58.2,而不是7.3-54
data(bacteria)
bacteria
```

"bacteria"数据集不在基本包里面,如果不加载"MASS"包,就不能调出该数据集。同时,"bacteria"数据集为澳大利亚北部地区中耳炎儿童中流感嗜血杆菌的测试数据,包括220行6列共计1320个数据。

### 1.5.2　模拟特定分布的数据

模拟特定分布数据的代码如下:

```
rnorm()      #随机生成服从正态分布的变量
runif()      #随机生成服从均匀分布的变量
rbinom()     #随机生成服从二项分布的变量
rpois()      #随机生成服从泊松分布的变量
```

直方图可视化这些数据变量的函数是hist()。如下面的脚本程序:

```
z <- rnorm(1000,mean = 0,sd = 1)
hist(z)
```

服从标准正态分布的1000个随机变量的频数分布直方图如图1-2所示。

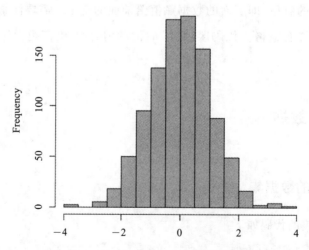

**图1-2　服从标准正态分布的1000个随机变量的频数分布直方图**

### 1.5.3　获取其他格式的数据

txt与csv格式的数据分别使用read.table()和read.csv()函数获取文件中的数据。其中括号中为由英文状态的引号包裹的文件路径，如 read.csv("c:/Users/ZFZ/Desktop/一次回归.csv")，该程序代表读取 csv 格式的数据文件"一次回归.csv"，且该文件存储在桌面。

xls 或 xlsx 格式的文件可以借助第三方包（openxlsx 包、readxl 包和 gdata 包）直接读取。如下面的程序：

```
library(readxl)
read_excel("C:/Users/ZFZ/Desktop/聚类判别分析.xlsx")
```

该程序借助 readxl 包里面的函数"read_excel()"读取桌面扩展名为"xlsx"的数据文件"聚类判别分析.xlsx"。

导入其他统计软件中的数据可以借助扩展包 haven 或 foreign 获取。如下面的程序：

```
install.packages("haven")
library(haven)
read_sav("C:/Users/ZFZ/Desktop/例4-1.sav")
```

该程序借助扩展包"haven"里面的函数"read.sav()"读取桌面统计软件 SPSS 生成的 sav 格式文件"例4-1.sav"。

# 第2章
# 数据整理与分析

数据整理是数据分析的关键步骤之一,而R语言在数据整理方面具有出色的能力。使用R语言进行数据整理时,可以通过绘制各种统计图来实现数据的可视化,也可以轻松进行变量特征数的输出。

## 2.1 直方图的绘制

### 2.1.1 利用基本包自带数据集中的数据进行直方图的绘制

基本包datasets包含104个数据集(R version 4.1.2),涉及医学、自然科学、社会学等各个领域。通过下述命令:

```
pkg <- data(package = "datasets")
w <- pkg$results
w
```

可以发现是一个104行4列的数据集,其中第4列"Item"里面的数据可以直接调用,比如在RStudio程序窗口直接运行mtcars,可以看到该Item下是一个32行12列的数据集。调用基本包datasets中第72行mtcars数据集里的mpg列数据进行直方图的分析,方法如下:

```
par(mfrow = c(1,1))    #画布分割
hist(mtcars$mpg)
```

运行hist()函数程序后,输出的mpg频数(频次)直方图如2-1所示。

如果增加hist()函数中的参数选项,输出的mpg频数(频次)直方图形状相应会发生变化,如图2-2所示,脚本程序如下:

```
hist(mtcars$mpg,breaks = 12,col = "red",xlab = "Miles Per Gallon",
   main = "colored histogram with 12 bins")
```

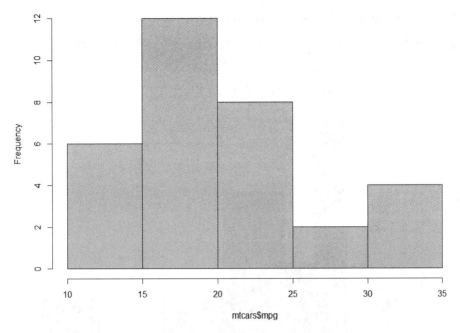

**图 2-1　mpg 频数（频次）直方图**

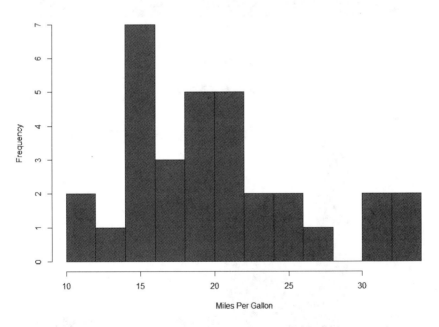

**图 2-2　经过修正后的 mpg 频数（频次）直方图**

注意：无论是图 2-1 还是图 2-2，都是频数（频次）直方图，而不是频率直方图。如果需要
绘制频率直方图，那么 hist() 函数的参数中需要增加 freq = FALSE，脚本程序如下：

```
hist(mtcars$mpg,freq = FALSE,breaks = 12,col = "red",xlab = "Miles Per
    Gallon",main = "Histogram,rug plot,density curve")
```

此时输出的直方图因 y 轴刻度是小于 1 的频率，显然是频率直方图（见图 2-3）。

如果在图 2-3 的基础上增加下面两行脚本程序：

```
lines(density(mtcars$mpg),col = "blue",lwd = 2)        #增加密度分布曲线
box()                                                  #画边框
```

就可以得到带密度分布曲线和边框的频率直方图 (见图 2-4)。

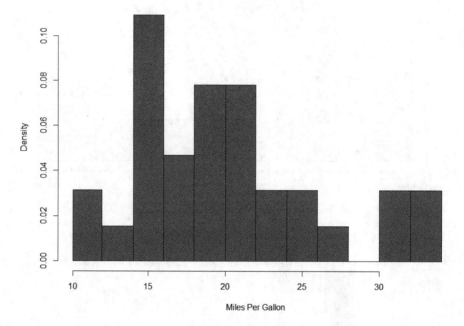

图 2-3    mpg 频率直方图

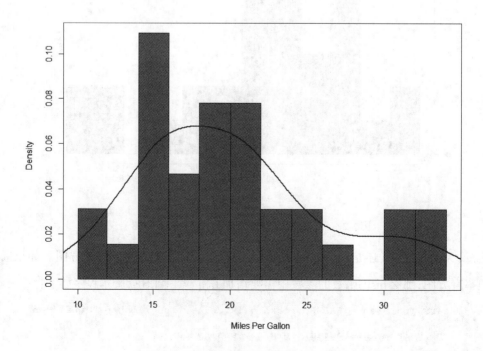

图 2-4    带密度分布曲线和边框的频率直方图

### 2.1.2 利用随机生成的数据绘制直方图

首先利用第1.5节中介绍的rnorm()函数随机生成服从标准正态分布的1000个变量,然后利用这些变量进行直方图绘制,如图2-5所示。脚本程序如下:

```
r1 <- rnorm(n=1000,mean =0,sd = 1)
hist(r1,freq = FALSE,breaks = 12,col = "blue",main =
    "Histogram,density curve")
lines(density(r1),col = "red",lwd = 2)
box()
```

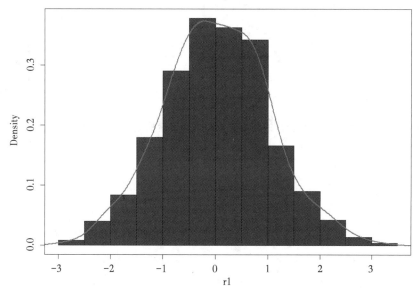

**图2-5 随机生成服从标准正态分布的1000个变量的频率直方图**

### 2.1.3 本地文件中数据的直方图绘制

从某罐头车间随机抽取100听罐头样品,分别称取其重量,结果存储在本地数据文件"guantou.csv"中。

100听罐头重量(g)的频率直方图(带密度曲线)如图2-6所示。

图2-6的R语言脚本程序如下:

本地数据文件
**"guantou.csv"**

```
guantou <- read.csv("C://Users/ZFZ/Desktop/guantou.csv")
#读取文件并赋值给guantou
hist(guantou$jinzhong,freq = FALSE)
lines(density(guantou$jinzhong),col = "blue",lwd = 2)
box()
```

本地数据文件"shenggong.csv"为某次考试的成绩,可以利用R语言进行直方图分析和正态性检验,并用颜色标注不及格的情况。

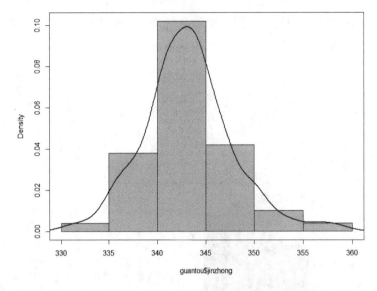

**图 2-6  100 听罐头重量（g）的频率直方图（带密度曲线）**

脚本程序如下：

```
z <- read.csv("c:/Users/Administrator/Desktop/shenggong.csv")
str(z)          #查看变量属性是否是数值型变量
hist(z[1:38,2],freq = FALSE,breaks = 9,ylim = c(0,0.09),col =c("blue","blue",
    "blue","blue","blue","blue","white","white","white","white"))
lines(density(z[1:38,2]),lwd = 3,col = "red")
```

考试成绩的频率直方图如图 2-7 所示。

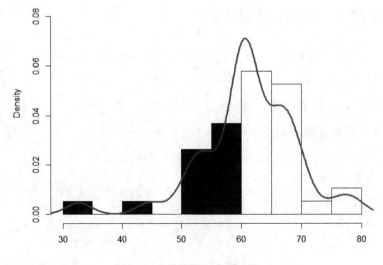

**图 2-7  考试成绩的频率直方图**

考试成绩正态性检验的脚本程序如下:

```
shapiro.test(z[1:38,2])   #对38个成绩数据进行正态检验
```

R语言脚本程序的运行结果如下:

```
> shapiro.test(z[1:38,2])

        Shapiro-Wilk normality test

data:  z[1:38, 2]
W = 0.93363, p-value = 0.02614
```

从以上运行结果不难看出,由于$p<0.05$,所以该考试成绩不服从正态分布,脚本程序如下:

```
mean(z[1:38,2])    #计算38个考试成绩数据的平均值
sd(z[1:38,2])      #计算38个考试成绩数据的标准差
max(z[1:38,2])     #计算38个考试成绩数据的最大值
```

该脚本程序的运行结果如下:

```
> mean(z[1:38,2])
[1] 61.00204
> sd(z[1:38,2])
[1] 8.32827
> max(z[1:38,2])
[1] 78.747
```

38个考试成绩的平均值、标准差和最大值分别为61.0、8.3和78.7。同时,此处修改直方图中的几个参数,即可得到考试成绩的频次直方图(见图2-8)。脚本程序如下:

```
hist(z[1:38,2],breaks = 9,ylim = c(0,13),col =c("blue","blue","blue","blue",
    "blue","blue","white","white","white","white"))
```

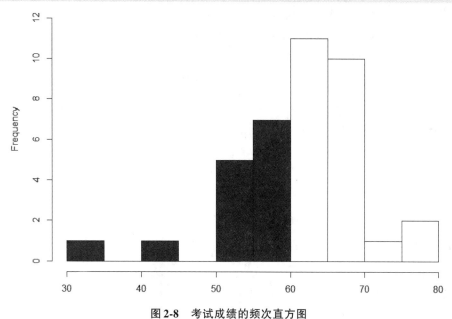

图2-8　考试成绩的频次直方图

## 2.2 描述性统计

描述性统计包括求变量的平均值、方差、标准差、极差、最大值、最小值、中位数、众数和变异系数等。R 语言中涉及描述性统计的函数如表 2-1 所示。

表 2-1 **R** 语言中涉及描述性统计的函数

| 函数 | 功能 | 函数 | 功能 |
|---|---|---|---|
| mean() | 求算术平均值 | diff(range()) | 求极差 |
| var() | 求方差 | max() | 求最大值 |
| sd() | 求标准差 | min() | 求最小值 |
| median() | 求中位数 | qnorm() | 返回值是给定概率 $p$ 的下分位点 |
| range() | 同时输出极值 | dnorm() | 返回值是正态分布概率密度函数 |
| rnorm() | 返回值是由 $n$ 个正态分布随机数构成的向量 | pnorm() | 返回值是正态分布的分布函数 |

值得注意的是,R 语言没有标准的内置函数用于计算众数。

## 2.3 时间函数

时间函数一般包含以下几个。

```
date()       #返回当前系统日期、时间和星期的字符串
sys.time()   #返回当前系统时间的信息
sys.Date()   #返回当前系统日期的信息
```

计算距离某年某月某日的天数,R 语言脚本程序如下:

```
startday<-as.Date('1976-08-22')
today<-as.Date('2023-07-18')
long<-today-startday
long
```

运行结果为:

```
Time difference of 17131 days
```

计算距离出生多少年,R 语言脚本程序如下:

```
startday<-as.Date("1976-08-22")
today<-as.Date('2023-07-18')
long<-today-startday
```

```
long
day <- as.vector(long)        #转换为向量,因为只有1个数值型变量,也可以不用转换
round(day/365,1)              #保留1位小数
```

运行结果为:

```
[1] 46.9
```

## 2.4 多元数据的绘图方法

R语言包含多种数据可视化的方法,但大多数是针对一元数据、二元数据的,三维图形虽然能画出来,但并不方便。对于三元及多元数据如何可视化呢? 结合R语言的特点,这里介绍几种多元数据的绘图方法,包括轮廓图、星图和调和曲线图。

设变量是$p$维数据,有$n$个观测数据,其中第$k$次的观测值为:

$$X_k = (x_{k1}, x_{k2}, \cdots, x_{kp}), \quad k = 1, 2, \cdots, n$$

$n$次观测数据组成矩阵,如下:

$$X = \left| x_{ij} \right|_{n \times p}$$

### 2.4.1 轮廓图

12名学生5门课程的考试成绩保存在数据文件"course.xlsx"中。

轮廓图的作图步骤如下。

第一步:作直角坐标系,在横坐标上取$p$个点,表示$p$个变量;

**数据文件
"course.xlsx"**

第二步:对于给定的一次观测值,在纵坐标上取与$p$个点相对应的变量值;

第三步:连接这$p$个点,得一条折线,即为该次观测值的一条轮廓线;

第四步:对于$n$次观测值,每次都重复上述步骤,可画出$n$条折线,这就可构成$n$次观测值的轮廓图。

编写轮廓图函数,存储文件为"outline.R",脚本程序如下:

```
par(mfrow = c(1,1))
library(readxl)
x <- read_excel("c:/Users/ZFZ/Desktop/course.xlsx")
x <- x[,-1]
```

提取除第1列以外的其他列数据,由于全部数据共6列,因此这个脚本程序等价于x <- x[,2:6]:

```
x <- x[,2:6]
outline <- function(x){
```

```
x <- as.matrix(x)
m <- nrow(x)
n <- ncol(x)
plot(c(1,n),c(min(x),max(x)),type = "n",main =
    "The outline graph of Data",xlab = "Number",ylab = "Value")
for (i in 1:m) {
    lines(x[i,],col = i)
    }
}
outline(x)
```

其中:min(x)函数输出的是矩阵 **X** 元素中的最小值;而 max(x)函数输出的是矩阵 **X** 元素中的最大值。此外,plot()函数中的参数 type 有多种选项。type = "n"代表不绘制图形,通常用于预先设定好坐标轴后再添加数据的情况。type 的其他选项包括 p、l、b、s、h 和 box,代表的意思分别为:绘制散点图、绘制连接数据点的线图、绘制同时包含数据点和连接线的图形、绘制阶梯图、绘制直方图和绘制箱线图。

12名学生5门课程的考试成绩的轮廓图如图2-9所示。

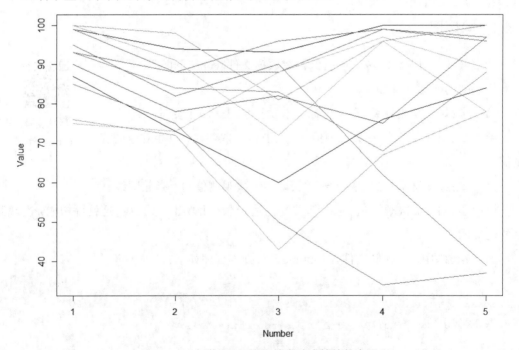

**图2-9　12名学生5门课程的考试成绩的轮廓图**

由图2-9可以直观看出哪些学生的成绩相似、哪些学生的成绩属于优秀、哪些学生的成绩为中等、哪些学生的成绩较差。对于各门课程而言,也可以直观地看出各门课程成绩的好坏和分散情况。这种图形在聚类分析中颇有帮助。

### 2.4.2 星图

星图的作图步骤如下:

第一步:作一个圆,并将圆$p$等分;

第二步:连接圆心和各分点,将这$p$条半径一次定义为变量的坐标轴,并标注适当的刻度;

第三步:对于给定的一次观测值,将$p$个变量分别取在相应的坐标轴上,然后将它们连接成一个$p$边形;

第四步:$n$次观测可画出$n$个$p$边形。

脚本程序如下:

```
stars(x)    #变量x不要转换为矩阵形式(此处p=5,n-12)
```

12名学生5门课程的考试成绩的星图如图2-10所示。

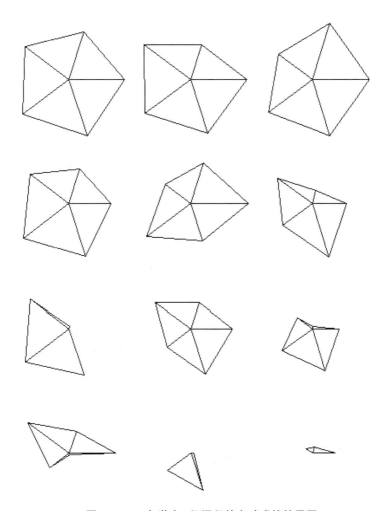

**图2-10　12名学生5门课程的考试成绩的星图**

如果修改 stars()函数里面的一个参数,则脚本程序如下:

```
stars(x,labels = dimnames(x)[[1]])
```

此时经过完善后的 12 名学生 5 门课程的考试成绩的星图如图 2-11 所示。该图能更清楚地知晓图形对应的个体信息。

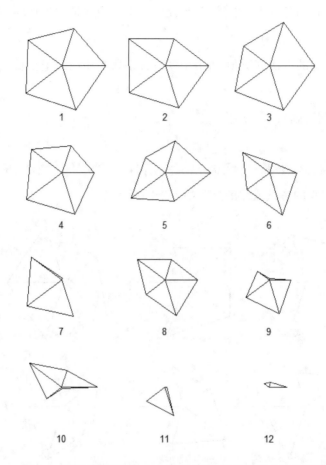

**图 2-11 经过完善后的 12 名学生 5 门课程的考试成绩的星图**

星图中的水平轴是变量 $x1$,沿逆时针方向依次是 $x2$、$x3$、……。由于星图既像雷达屏幕上看到的图像,也像一个蜘蛛网,因此,星图也称雷达图或蜘蛛图。

starts()函数可以添加各种参数,进而绘制出不同的星图,具体请参见官方文档。例如扇形星图的具体脚本程序如下:

```
stars(x,full = FALSE,draw.segments = TRUE,key.loc = c(5,0.5),
    mar=c(2,0,0,0),labels = dimnames(x)[[1]])
#full=FALSE表示创建一个不完整的星图
#draw.segments=TRUE代表会显示绘制星图的线段
#key.loc表示控制星图中关键点的位置
```

扇形星图的程序运行结果如图 2-12 所示。

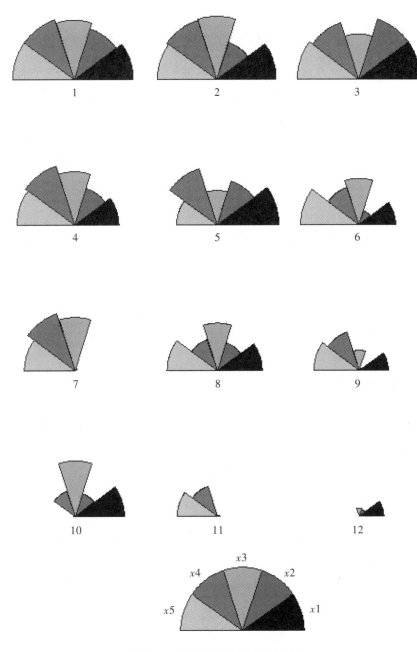

图 2-12　扇形星图的程序运行结果

### 2.4.3　调和曲线图

调和曲线图的思想是根据三角变换方法将 $p$ 维空间的点映射到二维平面上的曲线。对于 $p$ 维数据，设 $X_r$ 是第 $r$ 个观测值，即

$$X_r = \left( x_{r1}, x_{r2}, \cdots, x_{rp} \right)$$

则对应的调和曲线为

$$f_r(t) = \frac{x_{r1}}{\sqrt{2}} + x_{r2}\sin(t) + x_{r3}\cos(t) + x_{r4}\sin(2t) + x_{r5}\cos(2t) + \cdots, \quad -\pi \leqslant t \leqslant \pi$$

$n$ 次观测数据对应 $n$ 条曲线,呈现在同一个平面上就是一张调和曲线图。注意,当变量数据的数值相差太悬殊时,最好先标准化再作图。

编写调和曲线函数,存储文件为"unison.R",脚本程序如下:

```
library(readxl)
x <- read_excel("c:/Users/ZFZ/Desktop/course.xlsx")
x <- x[,-1]
unison <- function(x){
    if(is.data.frame(x) == TRUE)
        x <- as.matrix(x)
    t <- seq(-pi,pi,pi/30)
    m <- nrow(x)
    n <- ncol(x)
    f <- array(0,c(m,length(t)))
    #创建一个12行61列的零数组
    for(i in 1:m){
        f[i,] <- x[i,1]/sqrt(2)    #数组的行取值等于数据中对应行第2列的数字除以根号2
        for(j in 2:n){
        if(j%%2 == 0)
            f[i,] <- f[i,]+x[i,j]*sin(j/2*t)
        else
            f[i,] <- f[i,]+x[i,j]*cos(j%%2*t)
        }
    }
    plot(c(-pi, pi),c(min(f),max(f)),type = "n",
        main = "The Unison graph of Data",
        xlab = "t",ylab = "f(t)")
    for(i in 1:m)
        lines(t,f[i,],col = i)
}
unison(x)
```

如图 2-13 所示,调和曲线图对聚类分析帮助很大,如果选择聚类统计量为距离的话,则同类的曲线拧在一起,不同类的曲线拧成不同的束,非常直观。

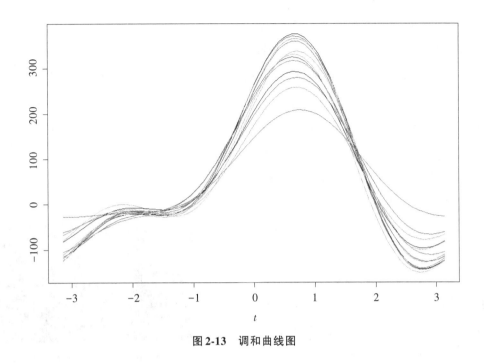

**图2-13　调和曲线图**

## 2.5 非堆叠并排柱状图的绘制

### 2.5.1 数据来源

图2-14是免疫印迹(Western Blot,WB)试验的数据结果图。利用Image J软件进行灰度定量和数据归一化处理后,再利用R语言可完成非堆叠并排柱状图的绘制。泳道1为对照,泳道2~4分别为20、40和80 mg/L药物处理组。

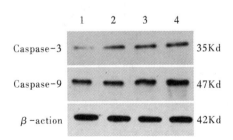

**图2-14　WB试验的数据结果图**

### 2.5.2 处理步骤

非堆叠并排柱状图的绘制步骤如下:

（1）导入WB条带图片。

（2）把图片转化成灰度图片，选择Image，点击Type，选择8-bit。

（3）消除图片背景的影响：选择Process，点击Subtract Background，在弹出的对话框中填上100就可，并勾选上Light Background，点击OK，此时图片背景会变白一些。

（4）设置定量参数：选择Analyze，点击Set Measurements。在弹出的对话框中勾选Area、Mean grayvalue、Min&max gray value和Integrated density。

（5）设置单位：选择Analyze，点击Set Scale，在弹出的对话框"Unit of Length"后填上"pixels"，其他的不用改动。

（6）将WB图片转换成亮带：选择Edit，点击Invert，结果如图2-15所示。

（7）选择菜单栏下的不规则圆形工具，将圆圈手动拉到第一条带，并尽量将条带都圈起来。

（8）点击菜单栏Analyze下的Measurement，即可弹出选定区域的灰度统计值。

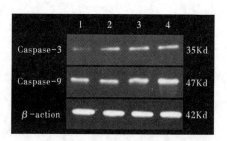

图2-15　转换成亮带的WB试验结果图

（9）重复（7）和（8）直至所有条带都被测量完毕。

（10）当测量完所有条带后，选择结果"Edit"中的"Select All"，然后复制数据"IntDen"（见图2-16）到Excel表即可进行分析。最后将表格中目标蛋白的灰度值除以内参蛋白的灰度值，进行归一化处理（见图2-17）。

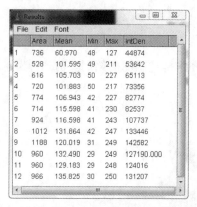

图2-16　从WB试验结果中提取的数据

| | 浓度 | Legend | IntDen | RelativeProduction |
| --- | --- | --- | --- | --- |
| 2 | 0 | Caspase3 | 44874 | 0.314724159 |
| 3 | 20 | Caspase3 | 53642 | 0.421746993 |
| 4 | 40 | Caspase3 | 65113 | 0.525037092 |
| 5 | 80 | Caspase3 | 73356 | 0.559086024 |
| 6 | 0 | Caspase9 | 82774 | 0.580536113 |
| 7 | 20 | Caspase9 | 82537 | 0.648926802 |
| 8 | 40 | Caspase9 | 107737 | 0.868734679 |
| 9 | 80 | Caspase9 | 133446 | 1.017064638 |
| 10 | | actin-1 | 142582 | |
| 11 | | actin-2 | 127190 | |
| 12 | | actin-3 | 124016 | |
| 13 | | actin-4 | 131207 | |

图2-17　归一化处理后的数据

### 2.5.3　利用R语言绘制非堆叠并排柱状图

将图2-17中归一化处理后的数据存储为本地文件"WB数据.xlsx"。借助第三方包readxl，利用read_excel()函数直接读取该文件。再利用扩展包ggplot2中的ggplot()函数完成非堆叠并排柱状图的绘制，脚本程序如下：

```
library(readxl)
dat <- read_excel("C:/Users/Administrator/Desktop/WB数据.xlsx")
dat <- dat[1:8,]                          #将数据文件中前8行的数据赋值给dat变量
dat$浓度 <- as.character(dat$浓度)
#将dat变量中第1列的"浓度"变量规定为字符型变量(非数值型变量)
ggplot(data = dat,aes(x = 浓度,y = RelativeProduction,fill = Legend))+
   geom_bar(stat = "identity",width = 0.5,colour = "black",position = "dodge")+
   theme(legend.justification = c(0.1,0.9),legend.position = c(0.1,0.9))+
   theme(axis.text.x=element_text(vjust = 0.5,size = 12,face = "bold"))+
   theme(axis.text.y=element_text(vjust = 0,size = 12,face = "bold"))+
   theme(axis.title.x=element_text(vjust = 0,size = 15,face = "bold"))+
   theme(axis.title.y=element_text(vjust = 2,size = 15,face = "bold"))
```

经过灰度统计后得到的非堆叠并排柱状图(见图 2-18)较原图 2-14 结果更准确、更形象，也更有说服力。

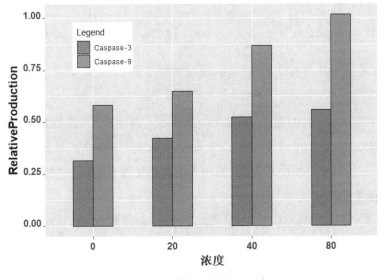

**图 2-18　非堆叠并排柱状图**

## 2.6　双 $y$ 轴折线图的绘制

利用 R 语言内置的数据 beaver1 和 beaver2，其中 beaver1 为 114 行 4 列的数据框，列名分别为"day""time""temp"和"active"。beaver2 为 100 行 4 列的数据框，列名与 beaver1 一致。选择前 100 行的数据，使用 R 语言基本包 base 中的 plot()函数绘制双 $y$ 轴的折线图，脚本程序如下：

```
plot(beaver1[1:100,3],type = "l",ylab = "beaver1 temperature")
```

```
par(new = TRUE)
#par(new = TRUE)表示是在原来的图形上再加一个图形
plot(beaver2[,3],type = "l")
#type中的参数不是1，也不是i，而是l（小写的L）
```

双 $y$ 轴的程序输出结果如图 2-19 所示。

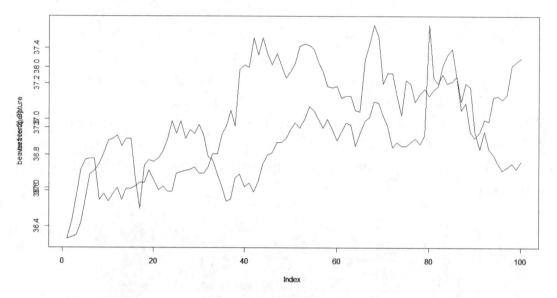

**图 2-19 双 $y$ 轴的程序输出结果**

从图 2-19 中可以看出，左边的 $y$ 标签和 $y$ 刻度都有两个，必须进行修改。xaxt 和 yaxt 决定是否画坐标轴的刻度线和刻度标签。当 xaxt = "n" 时，不画坐标轴 $x$ 的刻度线和刻度标签；axis(side = 4) 是用来添加坐标轴的，其中 4 代表添加在右边。经过完善后的双 $y$ 轴的程序输出结果如图 2-20 所示。

```
plot(beaver1[1:100,3],type = "l",ylab = "beaver1 temperature")
par(new = TRUE)
plot(beaver2[,3],type = "l",xaxt = "n",yaxt = "n",ylab ="",xlab = "")
axis(side = 4)
```

显然，图 2-20 依然不美观，可以加上颜色和图例再优化一下。代码如下：

```
par(mar = c(5,5,3,5))
plot(beaver1[1:100,3],type = "l",ylab = "beaver1 temperature",
    main = "Beaver Temperature Plot",xlab = "Time",col = "blue")
par(new = TRUE)
plot(beaver2[,3],type = "l",xaxt = "n",yaxt = "n",ylab ="",xlab = "",
    col = "red",lty =2)
axis(side = 4)
mtext("beaver2 temperature",side =4,line =3)
```

```
legend("topleft",c("beaver1","beaver2"),col = c("blue","red"),lty = c(1,2))
```

其中,par()函数用于控制绘图区域的各种参数;mar参数用于指定绘图区域边缘的大小,且mar是一个长度为4的向量,分别表示图形的4个边缘的大小,即底部、左侧、顶部和右侧,单位是行数(lines);mtext()函数用来向图的4条边上添加文本;side用于确定添加哪个轴,其中1为 $x$ 轴,2为 $y$ 轴,3为上面的轴,4为右面的轴;line可用于水平移动文本的位置,负的向正方向移动,正的向负方向移动。

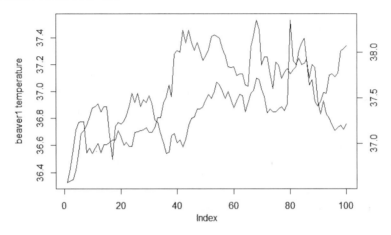

**图2-20 经过完善后的双 $y$ 轴的程序输出结果**

经过美化后的双 $y$ 轴图如图2-21所示。

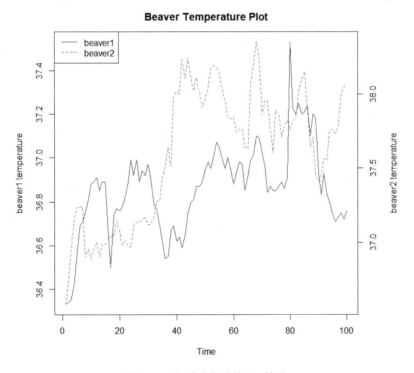

**图2-21 经过美化后的双 $y$ 轴图**

## 2.7 R语言自带数据集

通过以下程序可浏览R语言自带datasets包中的全部数据集。

```
pkg <- data(package = "datasets")
w <- pkg$results[,c("Item","Title")]
w
```

datasets包中自带的104个数据集及其主要内容如表2-2所示(备注除外)。

表 2-2 datasets 包中自带的 104 个数据集及其主要内容

| | Item | Title | 备注 |
|---|---|---|---|
| 1 | AirPassengers | Monthly Airline Passenger Numbers 1949-1960 | 航空公司1949年至1960年每月国际航线乘客数 |
| 2 | BJsales | Sales Data with Leading Indicator | 有关销售的一个时间序列 |
| 3 | BJsales.lead (BJsales) | Sales Data with Leading Indicator | 前一指标的先行指标 |
| 4 | BOD | Biochemical Oxygen Demand | 生化反应对氧的需求 |
| 5 | $CO_2$ | Carbon Dioxide Uptake in Grass Plants | 耐寒植物$CO_2$摄取的差异 |
| 6 | ChickWeight | Weight versus age of chicks on different diets | 饮食对鸡生长的影响 |
| 7 | DNase | Elisa assay of DNase | DNase浓度与光密度的关系 |
| 8 | EuStockMarkets | Daily Closing Prices of Major European Stock Indices, 1991-1998 | 欧洲股市4个主要指标的每个工作日记录 |
| 9 | Formaldehyde | Determination of Formaldehyde | 使用两种方法测定甲醛浓度时分光光度计的读数 |
| 10 | HairEyeColor | Hair and Eye Color of Statistics Students | 592个人的头发颜色、眼睛颜色和性别的频数 |
| 11 | Harman23.cor | Harman Example 2.3 | 305个女孩的8个形态指标的相关系数矩阵 |
| 12 | Harman74.cor | Harman Example 7.4 | 145个儿童的24个心理指标的相关系数矩阵 |
| 13 | Indometh | Pharmacokinetics of Indomethacin | 某药物的药代动力学数据 |
| 14 | InsectSprays | Effectiveness of Insect Sprays | 使用不同杀虫剂时的昆虫数目 |

| | Item | Title | 备注 |
|---|---|---|---|
| 15 | JohnsonJohnson | Quarterly Earnings per Johnson & Johnson Share | 1960 年至 1980 年每季度 Johnson & Johnson 股票的红利 |
| 16 | LakeHuron | Level of Lake Huron 1875-1972 | 1875 年至 1972 年某一湖泊水位的记录 |
| 17 | LifeCycleSavings | Intercountry Life-Cycle Savings Data | 50 个国家的存款率 |
| 18 | Loblolly | Growth of Loblolly pine trees | 火炬松的高度、年龄和种源 |
| 19 | Nile | Flow of the River Nile | 1871 年至 1970 年的尼罗河流量 |
| 20 | Orange | Growth of Orange Trees | 橘子树的生长数据 |
| 21 | OrchardSprays | Potency of Orchard Sprays | 使用拉丁方设计研究不同喷雾剂对蜜蜂的影响 |
| 22 | PlantGrowth | Results from an Experiment on Plant Growth | 3 种处理方式对植物产量的影响 |
| 23 | Puromycin | Reaction Velocity of an Enzymatic Reaction | 两种细胞中辅因子浓度对酶促反应的影响 |
| 24 | Seatbelts | Road Casualties in Great Britain 1969-84 | 多变量时间序列 |
| 25 | Theoph | Pharmacokinetics of Theophylline | 茶碱药动学数据 |
| 26 | Titanic | Survival of passengers on the Titanic | 泰坦尼克号乘员统计 |
| 27 | ToothGrowth | The Effect of Vitamin C on Tooth Growth in Guinea Pigs | VC 剂量和摄入方式对豚鼠牙齿的影响 |
| 28 | UCBAdmissions | Student Admissions at UC Berkeley | 伯克利分校 1973 年院系、录取和性别的频数 |
| 29 | UKDriverDeaths | Road Casualties in Great Britain 1969-84 | 1969 年至 1984 年英国每月司机死亡或严重伤害的数目 |
| 30 | UKgas | UK Quarterly Gas Consumption | 1960 年至 1986 年英国每月的天然气消耗 |
| 31 | USAccDeaths | Accidental Deaths in the US 1973-1978 | 1973 年至 1978 年美国每月的意外死亡人数 |
| 32 | USArrests | Violent Crime Rates by US State | 美国 50 个州的 4 个犯罪率指标 |
| 33 | USJudgeRatings | Lawyers' Ratings of State Judges in the US Superior Court | 43 名律师的 12 个评价指标 |

| | Item | Title | 备注 |
|---|---|---|---|
| 34 | USPersonalExpenditure | Personal Expenditure Data | 5个年份在5个消费方向的数据 |
| 35 | UScitiesD | Distances Between European Cities and Between US Cities | 美国10个城市之间的"直线"距离 |
| 36 | VADeaths | Death Rates in Virginia (1940) | 1940年弗吉尼亚州的死亡率(每千人) |
| 37 | WWWusage | Internet Usage per Minute | 每分钟的网络连接数 |
| 38 | WorldPhones | The World's Telephones | 8个区域在7个年份的电话总数 |
| 39 | ability.cov | Ability and Intelligence Tests | 对112名个体进行了6项测试 |
| 40 | airmiles | Passenger Miles on Commercial US Airlines, 1937—1960 | 1937年至1960年美国的客运里程营收 |
| 41 | airquality | New York Air Quality Measurements | 1973年5月至9月纽约的每日空气质量 |
| 42 | anscombe | Anscombe's Quartet of 'Identical' Simple Linear Regressions | 4组 $x$-$y$ 数据,虽有相似的统计量,但实际数据差别较大 |
| 43 | attenu | The Joyner - Boore Attenuation Data | 多个观测站对加利福尼亚23次地震的观测数据 |
| 44 | attitude | The Chatterjee - Price Attitude Data | 30个部门在7个方面的调查结果,调查结果是同一部门35个职员赞成的百分比 |
| 45 | austres | Quarterly Time Series of the Number of Australian Residents | 澳大利亚居民人数的季度时间序列 |
| 46 | beaver1 (beavers) | Body Temperature Series of Two Beavers | 一只海狸每10分钟的体温数据,共114条数据 |
| 47 | beaver2 (beavers) | Body Temperature Series of Two Beavers | 另一只海狸每10分钟的体温数据,共100条数据 |
| 48 | cars | Speed and Stopping Distances of Cars | 19世纪20年代汽车速度对刹车距离的影响 |
| 49 | chickwts | Chicken Weights by Feed Type | 不同的饮食种类对小鸡生长速度的影响 |
| 50 | co2 | Mauna Loa Atmospheric $CO_2$ Concentration | 1959—1997 年之间每月大气 $CO_2$ 的浓度 |
| 51 | crimtab | Student's 3000 Criminals Data | 3000个男性罪犯左手中指的长度和身高关系 |
| 52 | discoveries | Yearly Numbers of Important Discoveries | 1860—1959 年之间每年巨大发现或发明的数量 |

| | Item | Title | 备注 |
|---|---|---|---|
| 53 | esoph | Smoking, Alcohol and (O) esophageal Cancer | 法国的一个食管癌病例对照研究 |
| 54 | euro | Conversion Rates of Euro Currencies | 欧元汇率 |
| 55 | euro.cross (euro) | Conversion Rates of Euro Currencies | 11种货币的汇率矩阵 |
| 56 | eurodist | Distances Between European Cities and Between US Cities | 欧洲12个城市的距离矩阵,只有下三角部分 |
| 57 | faithful | Old Faithful Geyser Data | 一个间歇泉的爆发时间和持续时间 |
| 58 | fdeaths (UKLungDeaths) | Monthly Deaths from Lung Diseases in the UK | 前述死亡率的女性部分 |
| 59 | freeny | Freeny's Revenue Data | 每个季度的收入和其他4个因素的记录 |
| 60 | freeny.x (freeny) | Freeny's Revenue Data | 每个季度影响收入的4个因素的记录 |
| 61 | freeny.y (freeny) | Freeny's Revenue Data | 每季度收入 |
| 62 | infert | Infertility after Spontaneous and Induced Abortion | 自然流产和人工流产后的不孕症数据 |
| 63 | iris | Edgar Anderson's Iris Data | 3种鸢尾花的形态数据 |
| 64 | iris3 | Edgar Anderson's Iris Data | 3种鸢尾花的形态数据 |
| 65 | islands | Areas of the World's Major Landmasses | 48个陆地的面积 |
| 66 | ldeaths (UKLungDeaths) | Monthly Deaths from Lung Diseases in the UK | 1974—1979 年之间英国每月的支气管炎、肺气肿和哮喘的死亡率 |
| 67 | lh | Luteinizing Hormone in Blood Samples | 黄体生成素水平,每10分钟测量一次 |
| 68 | longley | Longley's Economic Regression Data | 强共线性的宏观经济数据 |
| 69 | lynx | Annual Canadian Lynx trappings 1821-1934 | 1821—1934 年之间加拿大的猞猁数据 |
| 70 | mdeaths (UKLungDeaths) | Monthly Deaths from Lung Diseases in the UK | 前述死亡率的男性部分 |
| 71 | morley | Michelson Speed of Light Data | 光速测量的试验数据 |
| 72 | mtcars | Motor Trend Car Road Tests | 32辆汽车在11个指标上的数据 |

| | Item | Title | 备注 |
|---|---|---|---|
| 73 | nhtemp | Average Yearly Temperatures in New Haven | 1912—1971 年之间每年的平均温度 |
| 74 | nottem | Average Monthly Temperatures at Nottingham，1920-1939 | 1920—1939 年之间每月的大气温度 |
| 75 | npk | Classical N，P，K Factorial Experiment | 传统的 N、P、K 因子实验 |
| 76 | occupationalStatus | Occupational Status of Fathers and their Sons | 英国男性父子职业联系 |
| 77 | precip | Annual Precipitation in US Cities | 长度为 70 的命名向量 |
| 78 | presidents | Quarterly Approval Ratings of US Presidents | 1945—1974 年之间每季度的美国总统支持率 |
| 79 | pressure | Vapor Pressure of Mercury as a Function of Temperature | 温度和气压 |
| 80 | quakes | Locations of Earthquakes off Fiji | 1000 次地震的观测数据（震级＞4） |
| 81 | randu | Random Numbers from Congruential Generator RANDU | 从 VMS 1.5 插件 VAX FORTRAN 的函数 RANDU 中提取了 400 个连续三元随机数 |
| 82 | rivers | Lengths of Major North American Rivers | 北美 141 条河流的长度 |
| 83 | rock | Measurements on Petroleum Rock Samples | 48 块石头的形态数据 |
| 84 | sleep | Student's Sleep Data | 两种药物的催眠效果 |
| 85 | stack.loss (stackloss) | Brownlee's Stack Loss Plant Data | 将氨氧化为硝酸的化工厂的运行数据 |
| 86 | stack.x (stackloss) | Brownlee's Stack Loss Plant Data | 将氨氧化为硝酸的化工厂的运行数据 |
| 87 | stackloss | Brownlee's Stack Loss Plant Data | 化工厂将氨转化为硝酸的数据 |
| 88 | state.abb (state) | US State Facts and Figures | 美国 50 个州的双字母缩写 |
| 89 | state.area (state) | US State Facts and Figures | 美国 50 个州的面积 |
| 90 | state.center (state) | US State Facts and Figures | 美国 50 个州中心的经度和纬度 |
| 91 | state.division (state) | US State Facts and Figures | 美国 50 个州的分类 |
| 92 | state.name (state) | US State Facts and Figures | 美国 50 个州的全称 |
| 93 | state.region (state) | US State Facts and Figures | 美国 50 个州的地理分类 |

| | Item | Title | 备注 |
|---|---|---|---|
| 94 | state.x77 (state) | US State Facts and Figures | 美国 50 个州的 8 个指标 |
| 95 | sunspot.month | Monthly Sunspot Data, from 1749 to "Present" | 1749—1997 年之间每月的太阳黑子数 |
| 96 | sunspot.year | Yearly Sunspot Data, 1700-1988 | 1700—1988 年之间每年的太阳黑子数 |
| 97 | sunspots | Monthly Sunspot Numbers, 1749-1983 | 1749—1983 年之间每月的太阳黑子数 |
| 98 | swiss | Swiss Fertility and Socioeconomic Indicators (1888) Data | 瑞士的生育率和社会经济指标 |
| 99 | treering | Yearly Treering Data, －6000－1979 | 归一化的树木年轮数据 |
| 100 | trees | Diameter, Height and Volume for Black Cherry Trees | 树木形态指标 |
| 101 | uspop | Populations Recorded by the US Census | 1790—1970 年美国每十年一次的人口总数（以百万为单位） |
| 102 | volcano | Topographic Information on Auckland's Maunga Whau Volcano | 某火山区的地理信息 |
| 103 | warpbreaks | The Number of Breaks in Yarn during Weaving | 织布机的异常数据 |
| 104 | women | Average Heights and Weights for American Women | 15 名女性的身高和体重 |

# 第3章
# 统计假设检验

统计假设检验在统计学中扮演着重要的角色。统计假设检验为研究者提供了一种科学的推断和决策方法,帮助我们理解数据的特征、验证假设、推断总体特征,并为决策提供可靠的依据。R语言可以快速计算出检验统计量、$p$值以及其他相应的统计结果。同时,R语言还提供了丰富的统计图表绘制函数和统计报告生成功能,可以直观地展示假设检验的结果。无论是学术研究、市场调研或是医学试验等领域,R语言都是一款强大而灵活的工具,可以帮助研究人员进行统计推断和决策分析。

## 3.1 成组样本的 $t$ 检验

### 3.1.1 利用R语言自带数据集中的数据进行成组样本的 $t$ 检验

先用var.test()函数检查两组间是否具有方差齐性;然后用t.test()函数进行两样本均值差异显著性检验。利用MASS包里面的数据集birthwt(MASS包里面集成了87个数据集,birthwt只是其中的第31个数据集)进行数据筛选后,开展成组样本的 $t$ 检验,代码如下:

```
data(birthwt,package = "MASS")
```

data()函数用于加载R语言中的内置数据集或来自已安装包的数据集。如果调用data()函数时不指定数据集名称,则会列出当前可用的数据集。data(birthwt, package = "MASS")是一个用于加载数据集的函数调用。具体来说,这个程序的作用是从MASS包中加载birthwt数据集。查看birthwt数据集数据结果的代码如下:

```
str(birthwt)
#str()函数用于显示对象内部的结构,该函数来自utlis包
```

代码运行结果如下:

```
'data.frame':  189 obs. of  10 variables:
 $ low  : int  0 0 0 0 0 0 0 0 0 0 ...
 $ age  : int  19 33 20 21 18 21 22 17 29 26 ...
 $ lwt  : int  182 155 105 108 107 124 118 103 123 113 ...
 $ race : int  2 3 1 1 3 1 3 1 1 ...
 $ smoke: int  0 0 1 1 1 0 0 0 1 1 ...
 $ ptl  : int  0 0 0 0 0 0 0 0 0 0 ...
 $ ht   : int  0 0 0 0 0 0 0 0 0 0 ...
 $ ui   : int  1 0 0 1 1 0 0 0 0 0 ...
 $ ftv  : int  0 3 1 2 0 0 1 1 1 0 ...
 $ bwt  : int  2523 2551 2557 2594 2600 2622 2637 2637 2663 2665 ...
```

从以上代码的运行结果中可以看出,数据框共有189条观测记录,每条记录包含10个变量,其中"smoke"代表分组变量,0代表不吸烟组,1代表吸烟组;而"bwt"代表新生儿体重,为数值型变量。此处考查女性吸烟组和不吸烟组所出生的新生儿体重有无显著性差异。var.test()函数用于进行方差齐性检验,即检验两个样本的方差是否相等。女性吸烟组和不吸烟组方差齐性检验的代码如下:

```
var.test(bwt ~ smoke,data = birthwt)
```

代码的运行结果如下:

```
        F test to compare two variances

data:  bwt by smoke
F = 1.3019, num df = 114, denom df = 73, p-value = 0.2254
alternative hypothesis: true ratio of variances is not equal to 1
95 percent confidence interval:
 0.8486407 1.9589574
sample estimates:
ratio of variances
         1.301927
```

从以上代码的运行结果可以看出,$p=0.2254$,显然$p>0.05$,故接受无效假设,即两样本对应的总体方差是相等的。接下来用t.test()函数进行两样本均值差异显著性检验。代码如下:

```
t.test(bwt ~ smoke,var.equal = TRUE,data = birthwt)
```

var.equal = TRUE用于设置方差是否具有齐性,t.test()函数的代码运行结果如下:

```
        Two Sample t-test

data:  bwt by smoke
t = 2.6529, df = 187, p-value = 0.008667
alternative hypothesis: true difference in means between group
95 percent confidence interval:
 72.75612 494.79735
sample estimates:
mean in group 0 mean in group 1
     3055.696        2771.919
```

从以上代码的运行结果可以看出,女性吸烟组和不吸烟组所出生的新生儿体重有极显著的差异($p<0.01$),其中女性吸烟组所出生的新生儿体重为2771.919 g,而女性不吸烟组所出生的新生儿体重为3055.696 g。

### 3.1.2　本地文件资料中成组样本的 *t* 检验

**数据文件**
**"shengchan.csv"**

数据文件"shengchan.csv"代表某食品厂在甲、乙两条生产线上各观测30天的日产量(kg)的情况。要求检验两条生产线平均日产量有无显著差异。

读取数据文件,并查看变量属性,脚本程序如下:

```
chanl <- read.csv("E:/shengchan.csv")
str(chanl)
```

脚本程序的运行结果如下:

```
'data.frame':   60 obs. of  4 variables:
 $ jia  : int  74 71 56 54 71 78 62 57 62 69 ...
 $ yi   : int  65 53 54 60 56 69 58 49 51 53 ...
 $ GROUP: int  1 1 1 1 1 1 1 1 1 1 ...
 $ CHANL: int  74 71 56 54 71 78 62 57 62 69 ...
```

显然,在本地文件中共有60条记录。实际上,第1列是甲生产线连续30天的日产量;第2列是乙生产线连续30天的日产量,而第3列和第4列用另外一种方式显示了第1列和第2列的信息,即第3列为分组变量,其中1代表甲生产线,2代表乙生产线,第4列是相应的日产量数值。

根据本地数据文件"E:/shengchan.csv"中第1列和第2列的数据,开展成组样本 *t* 检验前的方差齐性检验的R语言脚本程序为:

```
var.test(chanl[1:30,1],chanl[1:30,2])
```

脚本程序的运行结果如下:

```
        F test to compare two variances

data:  chanl[1:30, 1] and chanl[1:30, 2]
F = 1.3931, num df = 29, denom df = 29, p-value = 0.3772
alternative hypothesis: true ratio of variances is not equal to 1
95 percent confidence interval:
 0.663079 2.926952
sample estimates:
ratio of variances
         1.393126
```

从以上运行结果可以看出,甲生产线和乙生产线的产量数据总体方差没有显著差异($F = 1.393126, p = 0.3772$),因此接下来就可以进行成组样本的 *t* 检验。脚本程序如下:

```
t.test(chanl[1:30,1],chanl[1:30,2],var.equal = TRUE)
#var.equal = TRUE代表两组方差没有显著差异
```

脚本程序的运行结果如下:

```
          Two Sample t-test

data:  chanl[1:30, 1] and chanl[1:30, 2]
t = 3.2804, df = 58, p-value = 0.001757
alternative hypothesis: true difference in means is not equal to 0
95 percent confidence interval:
 2.364759 9.768574
sample estimates:
mean of x mean of y
 65.83333  59.76667
```

从以上运行结果可以看出,甲生产线的日产量显著高于乙生产线的日产量($p=$ 0.001757)。

根据本地数据文件"E:/shengchan.csv"中第 3 列和第 4 列的数据,开展成组样本 $t$ 检验。R 语言脚本程序为:

```
var.test(CHANL ~ GROUP,data = chanl)

t.test(CHANL ~ GROUP,var.equal = TRUE,data = chanl)
```

脚本程序的运行结果如下:

```
        F test to compare two variances

data:  CHANL by GROUP
F = 1.3931, num df = 29, denom df = 29, p-value = 0.3772
alternative hypothesis: true ratio of variances is not equal to 1
95 percent confidence interval:
 0.663079 2.926952
sample estimates:
ratio of variances
        1.393126

          Two Sample t-test

data:  CHANL by GROUP
t = 3.2804, df = 58, p-value = 0.001757
alternative hypothesis: true difference in means between group
95 percent confidence interval:
 2.364759 9.768574
sample estimates:
mean in group 1 mean in group 2
      65.83333        59.76667
```

从以上运行结果可以看出与基于第 1 列和第 2 列数据分析的结果完全一致。

## 3.2　配对样本的 $t$ 检验

### 3.2.1　利用 R 语言自带数据集中的数据进行配对样本的 $t$ 检验

利用基本包里面的 sleep 数据,读取数据的脚本程序为:

```
sleep
```

脚本程序的运行结果为一个20行3列的数据框,如下:

```
   extra group ID
1    0.7     1  1
2   -1.6     1  2
3   -0.2     1  3
4   -1.2     1  4
5   -0.1     1  5
6    3.4     1  6
7    3.7     1  7
8    0.8     1  8
9    0.0     1  9
10   2.0     1 10
11   1.9     2  1
12   0.8     2  2
13   1.1     2  3
14   0.1     2  4
15  -0.1     2  5
16   4.4     2  6
17   5.5     2  7
18   1.6     2  8
19   4.6     2  9
20   3.4     2 10
```

运行帮助文件?sleep,可以看到对数据框sleep的具体描述,如下:

**Format**

A data frame with 20 observations on 3 variables.

```
[, 1] extra  numeric  increase in hours of sleep
[, 2] group  factor   drug given
[, 3] ID     factor   patient ID
```

**Details**

The group variable name may be misleading about the data: They represent measurements on 10 persons, not in groups.

**Source**

Cushny, A. R. and Peebles, A. R. (1905) The action of optical isomers: II hyoscines. *The Journal of Physiology* **32**, 501–510.

Student (1908) The probable error of the mean. *Biometrika*, **6**, 20.

**References**

Scheffé, Henry (1959) *The Analysis of Variance*. New York, NY: Wiley.

**Examples**

```
require(stats)
## Student's paired t-test
with(sleep,
     t.test(extra[group == 1],
            extra[group == 2], paired = TRUE))
```

从以上描述中可以发现,此处的分组实际上是两种药物在10个人(ID号1~10)中的应用,并且药物1增加睡眠的时间有4个是负值;而药物2增加睡眠的时间只有1个是负值。因此,按照配对样本进行 $t$ 检验的脚本程序为:

```
with(sleep,t.test(extra[group == 1],extra[group == 2],paired = TRUE))
```

with()函数的主要功能是简化数据框中变量的访问。通常情况下,当需要频繁访问一个数据框中的变量时,使用with()函数可以让代码更加简洁和易读。

在 R 语言中,两个双等号"=="是表示进行比较操作的运算符。它用于检查左边表达式和右边表达式是否相等,并返回一个逻辑值(TRUE 或 FALSE)。

脚本程序的运行结果为:

```
        Paired t-test

data:  extra[group == 1] and extra[group == 2]
t = -4.0621, df = 9, p-value = 0.002833
alternative hypothesis: true difference in means is not equal to 0
95 percent confidence interval:
 -2.4598858 -0.7001142
sample estimates:
mean of the differences
                  -1.58
```

从以上运行结果可以看出,$p < 0.01$,否定无效假设,接受备择假设,差值对应总体均值与 0 有极显著的差异,即两种药物增加睡眠的时长存在极显著的差异。根据帮助文件,还可以发现下面的脚本程序:

```
sleep1 <- with(sleep,extra[group == 2] - extra[group == 1])
summary(sleep1)
```

运行以上脚本程序后,可以发现该程序是对差值特征的简单描述:

```
 Min. 1st Qu.  Median    Mean 3rd Qu.    Max.
 0.00    1.05    1.30    1.58    1.70    4.60
```

## 3.2.2　本地文件资料中配对样本的 $t$ 检验

运行下面的脚本程序:

```
zhou <- read.csv("E:/caomei.csv")
zhou
```

数据文件
"caomei.csv"

运行结果显示为一个 10 行 10 列的数据框,其中只有第 4 列和第 10 列有数据,其他列的数据均缺失,如下:

```
   low age lwt dianshen smoke ptl ht ui ftv duizhao
1   NA  NA  NA    22.23    NA  NA NA NA  NA   18.04
2   NA  NA  NA    23.42    NA  NA NA NA  NA   20.32
3   NA  NA  NA    23.25    NA  NA NA NA  NA   19.64
4   NA  NA  NA    21.38    NA  NA NA NA  NA   16.38
5   NA  NA  NA    24.45    NA  NA NA NA  NA   21.37
6   NA  NA  NA    22.42    NA  NA NA NA  NA   20.43
7   NA  NA  NA    24.37    NA  NA NA NA  NA   18.45
8   NA  NA  NA    21.75    NA  NA NA NA  NA   20.04
9   NA  NA  NA    19.82    NA  NA NA NA  NA   17.38
10  NA  NA  NA    22.56    NA  NA NA NA  NA   18.42
```

本地数据文件"E:/caomei.csv"中第 4 列的数据"dianshen"代表电渗处理对 10 种草莓果实中钙离子含量的响应值;而第 10 列的数据"duizhao"代表相应 10 种草莓对照组果实中钙离子的含量。因此,此处为配对样本的 $t$ 检验,其脚本程序为:

```
t.test(zhou[,4],zhou[,10],paired = TRUE)
```

脚本程序的运行结果如下：

```
        Paired t-test

data:  zhou[, 4] and zhou[, 10]
t = 8.358, df = 9, p-value = 1.558e-05
alternative hypothesis: true difference in means is not equal to 0
95 percent confidence interval:
 2.565827 4.470173
sample estimates:
mean of the differences
                 3.518
```

从以上运行结果不难看出，电渗处理能极显著增加草莓果实中钙离子的含量（$p <$ 0.01）。

# 第4章
# 方差分析

在R语言中进行方差分析,可以通过调用相应的函数和包来实现,比如可以使用aov()函数对数据进行单因素和双因素方差分析。该函数可以对一个因变量和多个自变量进行分析,并计算各组之间的方差差异是否显著。通过调用summary()函数,可以获得关键的统计结果,如$F$值和$p$值。同时,使用TukeyHSD()函数可以进行多重比较,确定组间差异的大小以及置信区间。

## 4.1  单因素试验资料的方差分析

### 4.1.1  利用R语言自带数据集中的数据进行单因素方差分析

读取MASS包里面的数据集birthwt(10个变量,189个样本),利用其中的bwt(新生儿出生体重,单位为g)和race(母亲的种族(1 = white,2 = black,3 = other))两个变量开展单因素试验资料的方差分析。载入数据集的程序代码如下:

```
data(birthwt,package = "MASS")
```

步骤1:正态检验。

程序代码如下:

```
tapply(birthwt$bwt,birthwt$race,shapiro.test)
```

或者使用如下的程序代码:

```
tapply(birthwt$bwt,INDEX = birthwt$race,shapiro.test)
```

两者输出的结果是一致的,如下:

```
> data(birthwt, package = "MASS")
> tapply(birthwt$bwt, birthwt$race, shapiro.test)
$`1`

        Shapiro-Wilk normality test

data:  x[[i]]
W = 0.98727, p-value = 0.4861
```

```
$`2`

        Shapiro-Wilk normality test

data:  x[[i]]
W = 0.97696, p-value = 0.8038


$`3`

        Shapiro-Wilk normality test

data:  x[[i]]
W = 0.97537, p-value = 0.2046
```

从以上结果可以看出,3个样本的观测值均服从正态分布($p>0.05$)。

步骤2:若满足正态性的假设,则可用bartlett.test()函数进行方差齐性检验。

程序代码如下:

```
bartlett.test(bwt ~ race,data = birthwt)
```

或者使用如下程序代码:

```
bartlett.test(birthwt$bwt ~ birthwt$race)
```

两者输出的结果是一致的,如下:

```
> bartlett.test(bwt ~ race, data = birthwt)

        Bartlett test of homogeneity of variances

data:  bwt by race
Bartlett's K-squared = 0.65952, df = 2, p-value = 0.7191
```

需要说明的是,bartlett检验对数据的正态性非常敏感;而levene检验是一种非参数检验方法,其适应范围更广。可以用car包里面的leveneTest()函数进行该检验,程序代码如下:

```
library(car)

leveneTest(birthwt$bwt,birthwt$race)
```

注意:此处不能用levene.test,也不能用leveneTest(bwt ~ race,data = birthwt)。

程序运行结果如下:

```
> library(car)
> leveneTest(birthwt$bwt, birthwt$race)
Levene's Test for Homogeneity of Variance (center = median)
       Df F value Pr(>F)
group   2  0.4684 0.6267
      186
```

从以上运行结果可以看出,$p=0.6267>0.05$,故3个样本对应总体的方差是齐性的,该结果与上面bartlett.test()检验的结果一致。

步骤3:用aov()函数建立方差分析的模型。

程序代码如下:

```
race.aov <- aov(bwt ~ race,data = birthwt)
```

然后用 summary(race.aov) 函数得到方差分析表,程序的运行结果如下:

```
> race.aov <- aov(bwt ~ race, data = birthwt)
> summary(race.aov)
              Df   Sum Sq Mean Sq F value Pr(>F)
race           1  3790184 3790184   7.369 0.00726 **
Residuals    187 96179472  514329
---
Signif. codes:  0 '***' 0.001 '**' 0.01 '*' 0.05 '.' 0.1 ' ' 1
```

此处的 2 行脚本程序也可以仅用 1 行程序代码:

```
summary(race.aov <- aov(bwt ~ race,data = birthwt))
```

或者

```
summary(aov(bwt ~ race,data = birthwt))
```

就可以得到相同的方差分析表。

程序运行结果如下:

```
> library(MASS)
> summary(aov(bwt ~ race, data = birthwt))
              Df   Sum Sq Mean Sq F value Pr(>F)
race           1  3790184 3790184   7.369 0.00726 **
Residuals    187 96179472  514329
---
Signif. codes:  0 '***' 0.001 '**' 0.01 '*' 0.05 '.' 0.1 ' ' 1
```

**注意到种族的自由度不正确,这是什么原因呢?** 这是因为系统默认"种族"变量是数值型变量,而不是因素变量。同时运行下面程序:

```
race.f <- factor(birthwt$race,levels = c(1,2,3),labels =
   c("white","black","other"))
summary(aov(bwt ~ race.f,data = birthwt))
```

程序运行结果如下:

```
> race.f <- factor(birthwt$race, levels = c(1, 2, 3), labels = c("white", "black", "other"))
>
> summary(aov(bwt ~ race.f, data = birthwt))
              Df   Sum Sq Mean Sq F value Pr(>F)
race.f         2  5015725 2507863   4.913 0.00834 **
Residuals    186 94953931  510505
---
Signif. codes:  0 '***' 0.001 '**' 0.01 '*' 0.05 '.' 0.1 ' ' 1
```

显然自由度恢复了正常。如果直接用 aov(bwt ~ race.f,data = birthwt),则不会显示均方以及 $F$ 值,如下:

```
> aov(bwt ~ race.f, data = birthwt)
Call:
   aov(formula = bwt ~ race.f, data = birthwt)

Terms:
                race.f Residuals
Sum of Squares  5015725  94953931
Deg. of Freedom       2       186

Residual standard error: 714.4963
Estimated effects may be unbalanced
```

步骤 4:多重比较(组间的两两比较)。

程序代码如下：

```
TukeyHSD(race.aov)
```

明显出了问题。那么问题出现在哪里呢？原因是做多重比较的时候，处理变量不能是数值型。试试下面的程序：

```
race.f <- factor(birthwt$race,levels = c(1,2,3),labels =
    c("white","black","other"))
TukeyHSD(aov(birthwt$bwt ~ race.f))
```

程序运行结果如下：

```
    Tukey multiple comparisons of means
      95% family-wise confidence level

Fit: aov(formula = birthwt$bwt ~ race.f)

$race.f
                  diff        lwr        upr       p adj
black-white -383.02644 -756.2363   -9.816581 0.0428037
other-white -297.43517 -566.1652  -28.705095 0.0260124
other-black   85.59127 -304.4521  475.634630 0.8624372
```

从 TukeyHSD() 函数多重比较的结果可以看出，black 和 white 种族之间，以及 white 和 other 种族之间新生儿体重有显著差异（$p < 0.05$）；而 black 和 other 种族之间新生儿体重没有显著差异（$p = 0.86 > 0.05$）。

值得注意的是，多重比较的结果也可以可视化。如运行以下 R 语言脚本程序：

```
plot(TukeyHSD(aov(birthwt$bwt ~ race.f)))
```

该 R 语言脚本程序可实现多重比较的可视化，结果如图 4-1 所示，均值差值 95% 置信区间位于虚线两侧的意味着两个样本均值差异显著，均值差值 95% 置信区间横跨虚线的意味着两个样本均值差异不显著。

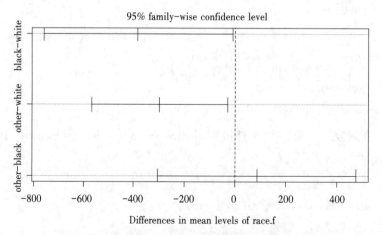

图 4-1 不同种族之间新生儿体重的多重比较可视化图

如果增加一项参数 las，则可以实现图形层面的微调。当 las＝1 时，意味着将坐标轴标签旋转为垂直显示。此外，R 语言默认的置信区间为 95%，若要修改置信区间，则可增加参数设置，比如 conf.level ＝ 0.99。值得注意的是，多重比较的方法还有很多，如 bonferroni 法、

Holm法和LSD法等。其中LSD法需要下载agricolae包。了解这些多重比较方法的脚本程序，需要掌握相应的函数使用方法。借助帮助文件可以很容易了解duncan.test()、LSD.test()和SNK.test()等多重比较函数的用法，配合plot()函数可实现多重比较的可视化。如运行以下脚本程序：

```
pairwise.t.test(birthwt$bwt,birthwt$race,p.adjust.method = "bonferroni")
```

该脚本程序的运行结果如下：

```
        Pairwise comparisons using t tests with pooled SD

data:  birthwt$bwt and birthwt$race

  1     2
2 0.049 -
3 0.029 1.000

P value adjustment method: bonferroni
```

显然，这里利用bonferroni多重比较的结果与TukeyHSD多重比较的结果是一致的。

## 4.1.2 利用本地文件中的数据进行单因素方差分析

数据文件"CHUZA.csv"显示5种糖蜜除杂方法的除杂效果，每种方法做4次试验，各得4个观测值。要求分析不同除杂方法的除杂效果有无差异。

数据文件
"CHUZA.csv"

步骤1：正态检验。

脚本程序如下：

```
Zhou <- read.csv("E:/CHUZA.csv")

tapply(Zhou$Chuzaliang,Zhou$Group,shapiro.test)
```

该脚本程序的运行结果如下：

```
> Zhou <- read.csv("E:/CHUZA.csv")
> tapply(Zhou$Chuzaliang, Zhou$Group, shapiro.test)
$`1`

        Shapiro-Wilk normality test

data:  X[[i]]
W = 0.96307, p-value = 0.7982


$`2`

        Shapiro-Wilk normality test

data:  X[[i]]
W = 0.81078, p-value = 0.123


$`3`

        Shapiro-Wilk normality test
```

```
data: X[[i]]
W = 0.89502, p-value = 0.4067
```

```
$`4`
```

```
        Shapiro-Wilk normality test
```

```
data: X[[i]]
W = 0.89614, p-value = 0.4121
```

```
$`5`
```

```
        Shapiro-Wilk normality test
```

```
data: X[[i]]
W = 0.99324, p-value = 0.8428
```

从以上脚本程序的运行结果可以看出,5种除杂方法的除杂效果定量数据均服从正态分布。

步骤2:方差齐性检验。

脚本程序如下:

```
bartlett.test(Chuzaliang ~ Group,data = Zhou)
```

脚本程序的运行结果如下:

```
        Bartlett test of homogeneity of variances
```

```
data: Chuzaliang by Group
Bartlett's K-squared = 2.2676, df = 4, p-value = 0.6867
```

步骤3:单因素方差分析。

脚本程序如下:

```
Group.f <- factor(Zhou$Group,levels = c(1,2,3,4,5))

Group.aov <- aov(Chuzaliang ~ Group.f,data = Zhou)

summary(Group.aov)
```

脚本程序的运行结果如下:

```
            Df Sum Sq Mean Sq F value  Pr(>F)
Group.f      4 105.47  26.368   37.98 2.26e-07 ***
Residuals   14   9.72   0.694
---
Signif. codes:  0 '***' 0.001 '**' 0.01 '*' 0.05 '.' 0.1 ' ' 1
```

步骤4:多重比较。

脚本程序如下:

```
Group.f <- factor(Zhou$Group,levels = c(1,2,3,4,5))

TukeyHSD(aov(Zhou$Chuzaliang ~ Group.f))
```

脚本程序的运行结果如下:

```
Tukey multiple comparisons of means
  95% family-wise confidence level

Fit: aov(formula = Zhou$Chuzaliang ~ Group.f)

$Group.f
        diff        lwr        upr      p adj
2-1  2.225000  0.38920122  4.060799 0.0147358
3-1  1.800000 -0.03579878  3.635799 0.0558080
4-1  3.200000  1.36420122  5.035799 0.0007110
5-1 -3.958333 -5.94122265 -1.975444 0.0001843
3-2 -0.425000 -2.26079878  1.410799 0.9480059
4-2  0.975000 -0.86079878  2.810799 0.4896205
5-2 -6.183333 -8.16622265 -4.200444 0.0000012
4-3  1.400000 -0.43579878  3.235799 0.1788964
5-3 -5.758333 -7.74122265 -3.775444 0.0000027
5-4 -7.158333 -9.14122265 -5.175444 0.0000002
```

步骤4:多重比较的可视化。

脚本程序如下:

```
plot(TukeyHSD(aov(Zhou$Chuzaliang ~ Group.f)))
```

5种除杂方法之间的多重比较可视化如图4-2所示。

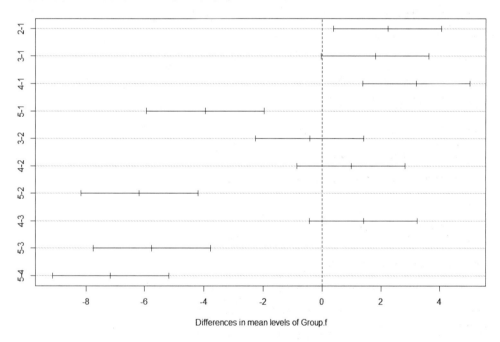

Differences in mean levels of Group.f

图4-2　5种除杂方法之间的多重比较可视化图

## 4.2　双因素试验资料的方差分析

### 1. 程序案例1

打开R语言自带数据集birthwt及查看该数据集基础描述信息的脚本程序如下:

```
data(birthwt)

des(birthwt)          # des()函数需要安装epiDisplay包
```

该脚本程序的运行结果如下：

```
> library(MASS)
> data(birthwt)
> library(epiDisplay)
> des(birthwt)

  No. of observations =  189
    Variable      Class           Description
 1  low           integer
 2  age           integer
 3  lwt           integer
 4  race          integer
 5  smoke         integer
 6  ptl           integer
 7  ht            integer
 8  ui            integer
 9  ftv           integer
10  bwt           integer
```

变量类型转换及方差分析的脚本程序如下：

```
race.f <- factor(birthwt$race)

smoke.f <- factor(birthwt$smoke)

aov(bwt ~ race.f + smoke.f,data = birthwt)

summary(aov(bwt ~race.f + smoke.f + race.f * smoke.f,data = birthwt))
```

该脚本程序的运行结果如下：

```
> race.f <- factor(birthwt$race)
> smoke.f <- factor(birthwt$smoke)
> aov(bwt ~ race.f + smoke.f, data = birthwt)
Call:
   aov(formula = bwt ~ race.f + smoke.f, data = birthwt)

Terms:
                  race.f  smoke.f Residuals
Sum of Squares   5015725  7322575  87631356
Deg. of Freedom        2        1       185

Residual standard error: 688.2463
Estimated effects may be unbalanced
> summary(aov(bwt ~ race.f + smoke.f + race.f * smoke.f, data = birthwt))
                Df    Sum Sq Mean Sq F value    Pr(>F)
race.f           2   5015725 2507863   5.366  0.005438 **
smoke.f          1   7322575 7322575  15.667  0.000108 ***
race.f:smoke.f   2   2101808 1050904   2.249  0.108463
Residuals      183  85529548  467375
---
Signif. codes:  0 '***' 0.001 '**' 0.01 '*' 0.05 '.' 0.1 ' ' 1
```

多重比较的脚本程序如下：

```
TukeyHSD(aov(bwt ~ race.f + smoke.f,data = birthwt))
```

该脚本程序的运行结果如下：

```
> TukeyHSD(aov(bwt ~ race.f + smoke.f, data = birthwt))
  Tukey multiple comparisons of means
    95% family-wise confidence level

Fit: aov(formula = bwt ~ race.f + smoke.f, data = birthwt)

$race.f
          diff        lwr        upr       p adj
2-1 -383.02644 -742.5406 -23.51233 0.0337506
3-1 -297.43517 -556.3036 -38.56673 0.0197783
3-2   85.59127 -290.1386 461.32114 0.8525873

$smoke.f
          diff        lwr        upr      p adj
1-0 -379.3259 -581.6784 -176.9735 0.000286
```

由上可见交互作用项不显著。

## 2. 程序案例2

脚本程序如下:

```
head(birthwt$race)

str(birthwt$race)

summary(birthwt$race)

list(birthwt$race)

table(birthwt$race)          #生成简单的一维频数表
```

脚本程序的运行结果如下:

```
> head(birthwt$race)
[1] 2 3 1 1 1 3
> str(birthwt$race)
 int [1:189] 2 3 1 1 1 3 1 3 1 1 ...
> summary(birthwt$race)
   Min. 1st Qu.  Median    Mean 3rd Qu.    Max.
  1.000   1.000   1.000   1.847   3.000   3.000
> list(birthwt$race)
[[1]]
  [1] 2 3 1 1 1 3 1 3 1 1 3 3 3 3 1 1 2 1 3 1 3 1 1 3 3 1 1 1 2 2 2 1 2 1
 [51] 1 3 1 1 3 3 3 3 3 3 3 3 1 3 3 3 3 1 2 1 3 3 2 1 2 1 1 2 1 1 1 3 3
[101] 1 1 3 1 3 2 1 1 1 2 1 3 1 1 1 3 1 3 1 3 1 3 1 1 1 1 1 1 1 3 1 2 3
[151] 3 1 1 1 1 3 2 1 2 3 1 3 3 3 2 1 3 3 1 1 2 2 2 3 3 1 1 1 1 2 3 3 1 3

> table(birthwt$race)

 1  2  3
96 26 67
```

脚本程序如下:

```
prop.table(birthwt$race)            #1

prop.table(table(birthwt$race))     #2
```

#1输出的结果如下:

```
> prop.table(birthwt$race)
  [1] 0.005730659 0.008595989 0.002865330 0.002865330 0.002865330 0.008595989 0.002865330 0.008595989
  [9] 0.002865330 0.002865330 0.008595989 0.008595989 0.008595989 0.008595989 0.002865330 0.002865330
 [17] 0.005730659 0.002865330 0.008595989 0.002865330 0.008595989 0.002865330 0.002865330 0.008595989
 [25] 0.008595989 0.002865330 0.002865330 0.002865330 0.005730659 0.005730659 0.005730659 0.002865330
 [33] 0.005730659 0.002865330 0.005730659 0.002865330 0.002865330 0.002865330 0.002865330 0.002865330
 [41] 0.005730659 0.002865330 0.005730659 0.002865330 0.002865330 0.002865330 0.002865330 0.008595989
 [49] 0.002865330 0.008595989 0.002865330 0.008595989 0.002865330 0.002865330 0.008595989 0.008595989
 [57] 0.008595989 0.008595989 0.008595989 0.008595989 0.008595989 0.008595989 0.008595989 0.008595989
 [65] 0.008595989 0.008595989 0.008595989 0.008595989 0.002865330 0.005730659 0.002865330 0.008595989
 [73] 0.008595989 0.005730659 0.002865330 0.005730659 0.002865330 0.002865330 0.005730659 0.002865330
 [81] 0.002865330 0.002865330 0.008595989 0.008595989 0.008595989 0.008595989 0.008595989 0.002865330
 [89] 0.002865330 0.002865330 0.002865330 0.008595989 0.002865330 0.002865330 0.002865330 0.002865330
 [97] 0.002865330 0.002865330 0.002865330 0.002865330 0.002865330 0.002865330 0.008595989 0.002865330
[105] 0.008595989 0.005730659 0.002865330 0.002865330 0.002865330 0.005730659 0.002865330 0.008595989
[113] 0.002865330 0.002865330 0.002865330 0.008595989 0.002865330 0.008595989 0.002865330 0.008595989
[121] 0.002865330 0.008595989 0.008595989 0.002865330 0.002865330 0.002865330 0.002865330 0.002865330
[129] 0.002865330 0.002865330 0.008595989 0.002865330 0.005730659 0.008595989 0.008595989 0.008595989
[137] 0.008595989 0.005730659 0.008595989 0.002865330 0.002865330 0.002865330 0.008595989 0.008595989
[145] 0.002865330 0.002865330 0.005730659 0.002865330 0.008595989 0.008595989 0.008595989 0.002865330
[153] 0.002865330 0.002865330 0.002865330 0.008595989 0.005730659 0.002865330 0.005730659 0.008595989
[161] 0.002865330 0.008595989 0.008595989 0.008595989 0.005730659 0.002865330 0.008595989 0.008595989
[169] 0.002865330 0.002865330 0.005730659 0.005730659 0.005730659 0.008595989 0.008595989 0.002865330
[177] 0.002865330 0.002865330 0.002865330 0.005730659 0.008595989 0.008595989 0.002865330 0.008595989
[185] 0.002865330 0.008595989 0.008595989 0.005730659 0.002865330
```

#2 输出的结果如下：

```
> prop.table(table(birthwt$race))

        1         2         3
0.5079365 0.1375661 0.3544974
> |
```

### 3. 程序案例3

tab1()函数是 epiDisplay 包里的一个功能（注意这个函数最后一个符号是数字1）。该包里面还有 des()函数（用于提供数据集的描述性统计信息）。

tab1()函数不仅给出一维频数表，还能给出百分比和累计百分比。与此同时，它还输出一个非常实用的频数分布条形图（见图4-3）。

脚本程序如下：

```
tab1(birthwt$race)
```

该脚本程序的运行结果如下：

```
> tab1(birthwt$race)
birthwt$race :
        Frequency Percent Cum. percent
1              96    50.8         50.8
2              26    13.8         64.6
3              67    35.4        100.0
  Total       189   100.0        100.0
```

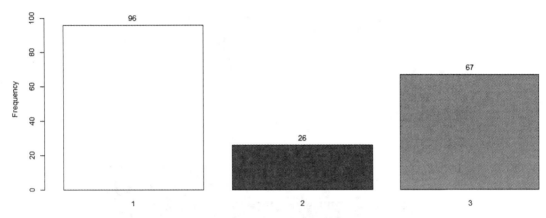

图4-3 频数分布条形图

epiDisplay包里面的tabpct()函数可以一次性得到行比例和列比例,同时输出一个马赛克图(见图4-4)。

脚本程序如下:

```
tabpct(birthwt$smoke,birthwt$low)
```

该脚本程序的运行结果如下:

```
> tabpct(birthwt$smoke, birthwt$low)

Original table
              birthwt$low
birthwt$smoke    0    1   Total
           0    86   29    115
           1    44   30     74
        Total  130   59    189


Row percent
              birthwt$low
birthwt$smoke       0        1    Total
           0       86       29      115
                (74.8)   (25.2)    (100)
           1       44       30       74
                (59.5)   (40.5)    (100)

Column percent
              birthwt$low
birthwt$smoke    0        %    1        %
           0    86   (66.2)   29   (49.2)
           1    44   (33.8)   30   (50.8)
        Total  130    (100)   59    (100)
```

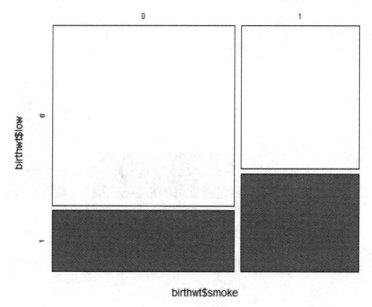

图 4-4  马赛克图

## 4.3  多重方差分析

### 4.3.1  数据存储路径

数据的存储路径为 C:/Users/ZFZ/Desktop/酶活 .xlsx，其中数据在工作簿 3 中。

数据文件
"酶活 .xlsx"

### 4.3.2  R 语言程序

#### 1. 读取数据

读取数据的程序如下：

```
library(readxl)
dat<-read_excel("C:/Users/ZFZ/Desktop/酶活 .xlsx",sheet=3)
```

#### 2. 多重方差分析

多重方差分析的程序如下：

```
library(agricolae)    #多重比较需要该包中的函数LSD.test()
library(ggplot2)      #用于可视化作图
for(i in 5:ncol(dat)){
```

```
anova <- aov(dat[[i]]~group3,data = dat)          #多重方差分析
result <- LSD.test(anova,"group3")                #多重比较
datmeans <- result$means
datgroups <- result$groups
datnames <- names(dat)
ind <- match(row.names(datmeans),row.names(datgroups)) #整合数据进行方差分析可视化
datmeans$groups <- datgroups$groups[ind]
names(datmeans)[1] <- datnames[1]
plotdata <- as.data.frame(cbind(row.names(datmeans),datmeans[,1],
    datmeans$std,as.character(datmeans$groups)))
names(plotdata) <- c("Treat","y","std","sig")
plotdata$y <- as.numeric(as.character(plotdata$y))
plotdata$std <- as.numeric(as.character(plotdata$std))
```

### 3. 可视化作图

可视化作图的程序如下:

```
theplot <- ggplot(plotdata,aes(x = Treat,y = y,fill = Treat)) +
    geom_col() + labs(title = paste("value",i-4)) +
    geom_errorbar(aes(ymin = y - std,ymax = y + std),width = 0.2) +
    ylim(min(0,min(plotdata$y)-max(plotdata$std)),max(max(plotdata$y)+
    max(plotdata$std), max(plotdata$y) * 1.2)) +
    geom_text(mapping = aes(y = y + std,label = sig),vjust = -1)+theme_bw()+
    theme(axis.text.x=element_text(vjust = 0.5,size = 12,face = "bold"))+
    theme(axis.text.y=element_text(vjust = 0,size = 12,face = "bold"))+
    theme(axis.title.x=element_text(vjust = 0,size = 15,face = "bold"))+
    theme(axis.title.y=element_text(vjust = 2,size = 15,face = "bold"))+
    guides(fill = FALSE)
print(theplot)
}
```

## 4.3.3 程序运行结果

图4-5为带误差标记和多重比较标记的柱状图,相同字母代表样本间该种酶的活性差异不显著,反之,不同字母代表样本间该种酶的活性差异显著。

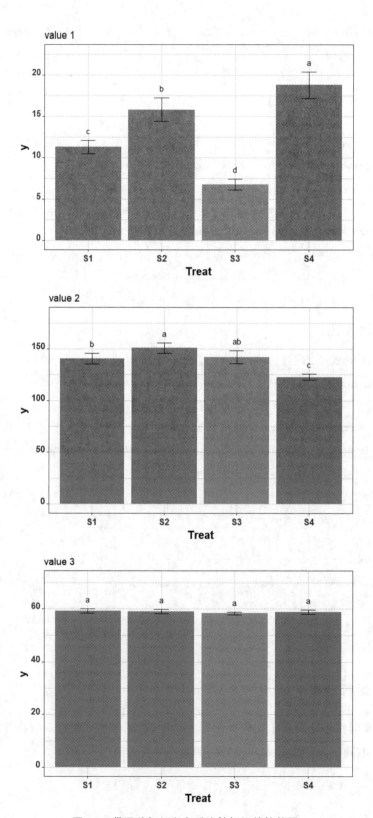

图 4-5　带误差标记和多重比较标记的柱状图

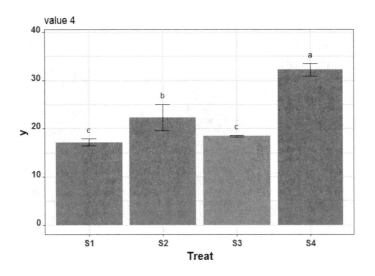

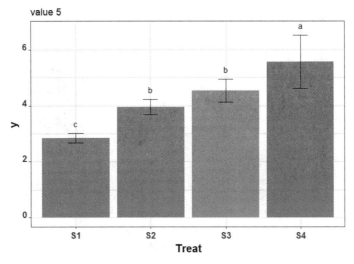

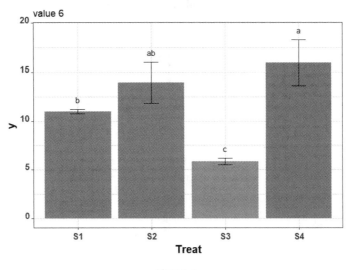

续图 4-5

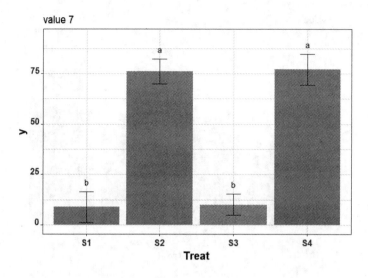

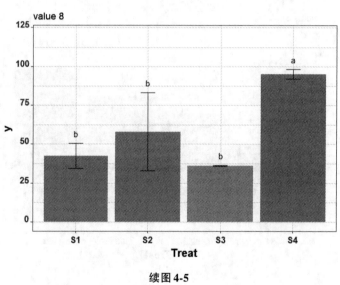

续图 4-5

正交设计利用部分处理组合代表全面试验,能够大大减少试验实施的人力与物力。但由于降低了方差分析时的误差自由度,所以降低了均值检验的灵敏度。因此,正交设计及统计分析的重点不是方差分析,而是选择最优组合。本章通过两个实例介绍利用R语言进行正交设计及统计分析的一般方法。

## 5.1 有交互作用的方差分析

【例5-1】 欲研究雌螺产卵的适宜条件,需在相仿的泥盒里饲养数量相同的同龄雌螺若干只并记录产卵数。7列2水平做8次试验的正交设计表如表5-1所示。此处共设计4种试验条件(见表5-2),每个因素2个水平。试在考虑温度与含氧量对雌螺产卵有交互作用的情况下安排正交试验。雌螺产卵条件的$L_8(2^7)$正交设计及产卵数量如表5-3所示。

**表5-1 $L_8(2^7)$正交设计表**

| 处理 | 列号 | | | | | | |
|---|---|---|---|---|---|---|---|
| | 1 | 2 | 3 | 4 | 5 | 6 | 7 |
| 1 | 1 | 1 | 1 | 1 | 1 | 1 | 1 |
| 2 | 1 | 1 | 1 | 2 | 2 | 2 | 2 |
| 3 | 1 | 2 | 2 | 1 | 1 | 2 | 2 |
| 4 | 1 | 2 | 2 | 2 | 2 | 1 | 1 |
| 5 | 2 | 1 | 2 | 1 | 2 | 1 | 2 |
| 6 | 2 | 1 | 2 | 2 | 1 | 2 | 1 |
| 7 | 2 | 2 | 1 | 1 | 2 | 2 | 1 |
| 8 | 2 | 2 | 1 | 2 | 1 | 1 | 2 |

**表5-2 雌螺产卵条件因素与水平**

| 因素水平 | $A$因素温度/℃ | $B$因素含氧量/% | $C$因素泥土含水量/% | $D$因素pH |
|---|---|---|---|---|
| 1 | 5 | 0.5 | 10 | 6.0 |
| 2 | 25 | 5.0 | 30 | 8.0 |

**表 5-3　雌螺产卵条件的 $L_8(2^7)$正交设计及产卵数量**

| 处理 | 列号 | | | | 产卵数量 |
|---|---|---|---|---|---|
| | 1（$A$） | 2（$B$） | 4（$C$） | 7（$D$） | |
| 1 | 5 | 0.5 | 10 | 6.0 | 86 |
| 2 | 5 | 0.5 | 30 | 8.0 | 95 |
| 3 | 5 | 5.0 | 10 | 8.0 | 91 |
| 4 | 5 | 5.0 | 30 | 6.0 | 94 |
| 5 | 25 | 0.5 | 10 | 8.0 | 91 |
| 6 | 25 | 0.5 | 30 | 6.0 | 96 |
| 7 | 25 | 5.0 | 10 | 6.0 | 83 |
| 8 | 25 | 5.0 | 30 | 8.0 | 88 |

此处采用的R语言程序如下：

```
#生成L8(2^7)正交设计表
a = factor(c(1,1,1,1,2,2,2,2))
b = factor(c(1,1,2,2,1,1,2,2))
ab = factor(c(1,1,2,2,2,2,1,1))
c = factor(c(1,2,1,2,1,2,1,2))
ac = factor(c(1,2,1,2,2,1,2,1))
bc = factor(c(1,2,2,1,1,2,2,1))
d = factor(c(1,2,2,1,2,1,1,2))
yield = c(86,95,91,94,91,96,83,88)
data = data.frame(a,b,ab,c,ac,bc,d,yield)
View(data)          #View()函数的第一个字母“V”必须大写
```

利用R语言生成的正交设计表如图5-1所示。

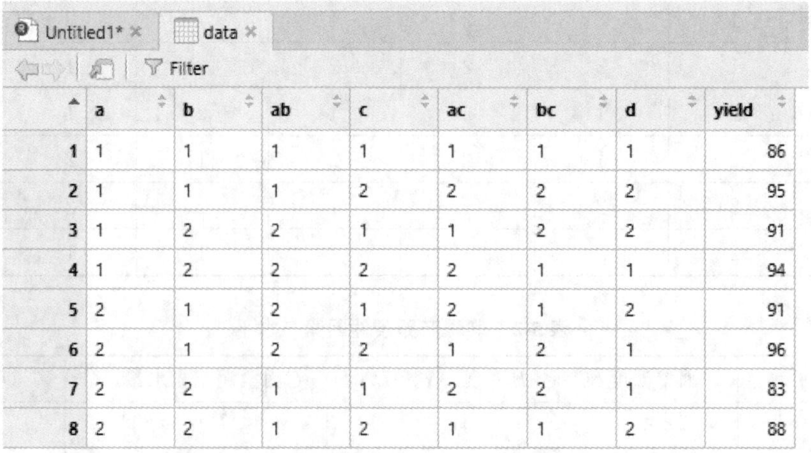


| | a | b | ab | c | ac | bc | d | yield |
|---|---|---|---|---|---|---|---|---|
| 1 | 1 | 1 | 1 | 1 | 1 | 1 | 1 | 86 |
| 2 | 1 | 1 | 1 | 2 | 2 | 2 | 2 | 95 |
| 3 | 1 | 2 | 2 | 1 | 1 | 2 | 2 | 91 |
| 4 | 1 | 2 | 2 | 2 | 2 | 1 | 1 | 94 |
| 5 | 2 | 1 | 2 | 1 | 2 | 1 | 2 | 91 |
| 6 | 2 | 1 | 2 | 2 | 1 | 2 | 1 | 96 |
| 7 | 2 | 2 | 1 | 1 | 2 | 2 | 1 | 83 |
| 8 | 2 | 2 | 1 | 2 | 1 | 1 | 2 | 88 |

**图 5-1　利用 R 语言生成的正交设计表**

采用R语言进行方差分析的脚本程序如下：

```
#方差分析
result = aov(yield ~ a + b + c + d + ab)
summary(result)
```

该脚本程序的运行结果如下：

```
> result = aov(yield ~ a + b + c + d + ab)
> summary(result)
            Df Sum Sq Mean Sq F value Pr(>F)
a            1    8.0     8.0     3.2 0.2155
b            1   18.0    18.0     7.2 0.1153
c            1   60.5    60.5    24.2 0.0389 *
d            1    4.5     4.5     1.8 0.3118
ab           1   50.0    50.0    20.0 0.0465 *
Residuals    2    5.0     2.5
---
Signif. codes:  0 '***' 0.001 '**' 0.01 '*' 0.05 '.' 0.1 ' ' 1
```

在考虑温度与含氧量对雌螺产卵有潜在交互作用的情况下,雌螺产卵条件主要与泥土含水量、温度与含氧量的交互作用有关。

## 5.2 绘制主效应图及描述统计

利用FrF2包绘制主效应图以及输出简要描述统计。

```
library(FrF2)
summary(MEPlot(result))
```

```
> library(FrF2)
> summary(MEPlot(result))
      a                 b                 c                 d
 Min.   :89.5    Min.   :89.00    Min.   :87.75    Min.   :89.75
 1st Qu.:90.0    1st Qu.:89.75    1st Qu.:89.12    1st Qu.:90.12
 Median :90.5    Median :90.50    Median :90.50    Median :90.50
 Mean   :90.5    Mean   :90.50    Mean   :90.50    Mean   :90.50
 3rd Qu.:91.0    3rd Qu.:91.25    3rd Qu.:91.88    3rd Qu.:90.88
 Max.   :91.5    Max.   :92.00    Max.   :93.25    Max.   :91.25
       ab
 Min.   :88.00
 1st Qu.:89.25
 Median :90.50
 Mean   :90.50
 3rd Qu.:91.75
 Max.   :93.00
```

abcd四因素及ab交互作用极差依次为2、3、5.5、1.5和5.0,得因素主次顺序依次为c>ab>b>a>d。因素主效应可视化如图5-2所示,可见各因素的优水平组合为a1b1c2d2。

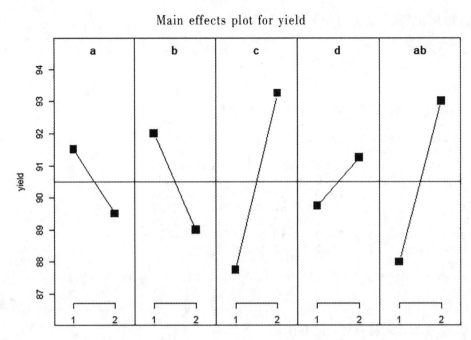

图 5-2　因素主效应可视化图

利用 FrF2 包绘制 ab 交互作用图,程序如下:

```
result = aov(yield ~ a + b + c + d + a:b)
IAPlot(result,select = 1:2)
```

因素交互作用可视化如图 5-3 所示。

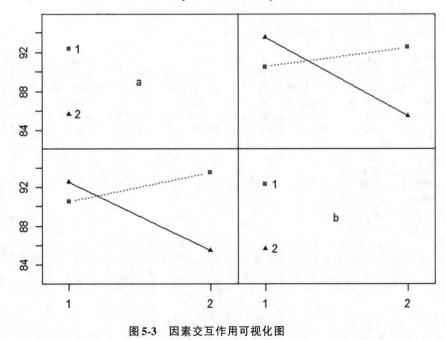

图 5-3　因素交互作用可视化图

图 5-3 中两条直线明显相交,可辅助判断存在交互作用(仍以显著性检验为准)。

## 5.3　正交表的输出

R 语言可通过 DoE.base 包的 oa.design() 函数实现正交表的输出,但是它默认输出的正交表和标准正交表有些差异,因此需要简单调整行列次序,最终转换为标准表。

下面以 $L_9(3^4)$ 标准表举例。

### 5.3.1　直接生成正交表

脚本程序如下:

```
library(DoE.base)
design1 <- oa.design(L9.3.4)
design1
```

该脚本程序的运行结果如下:

```
> design1 <- oa.design(L9.3.4)
> design1
  A B C D
1 2 1 3 3
2 1 2 3 2
3 3 1 2 2
4 3 3 3 1
5 2 2 2 1
6 1 3 2 3
7 1 1 1 1
8 2 3 1 2
9 3 2 1 3
class=design, type= oa
```

虽然这 9 个组合是标准表的组合,但是行没有排序,而且因素列的次序也不对。为了和同行交流,正交表尽量采用标准的。因此我们有必要调整行排序和列次序。

### 5.3.2　调整列次序

仔细对比发现,标准表的 4 列依次为 DCAB,因此需要把现在的 ABCD 次序修改为 DCAB。这里使用 R 语言的数据框操作即可,脚本程序如下:

```
mydesign1 <- design1[,c(4,3,1,2)]
mydesign1
```

该脚本程序的运行结果如下:

```
> mydesign1 <- design1[,c(4,3,1,2)]
> mydesign1
  D C A B
1 3 3 2 1
2 2 3 1 2
3 2 2 3 1
4 1 3 3 3
5 1 2 2 2
6 3 2 1 3
7 1 1 1 1
8 2 1 2 3
9 3 1 3 2
```

### 5.3.3  调整行排序

脚本程序如下：

```
#依次按第1列和第2列升序排序
library(dplyr)
arrange(mydesign1,D,C)   #可得到一个标准的 L_9(3^4) 正交表格式
```

该脚本程序的运行结果如下：

```
> library(dplyr)
> arrange(mydesign1,D,C)
  D C A B
1 1 1 1 1
2 1 2 2 2
3 1 3 3 3
4 2 1 2 3
5 2 2 3 1
6 2 3 1 2
7 3 1 3 2
8 3 2 1 3
9 3 3 2 1
```

## 5.4  最优组合及可视化

【例5-2】 为解决花菜留种问题并提高种子产量，对4个因素各2个水平设计了正交试验，结果列于表5-4中，试进行方差分析并筛选最优组合。

表5-4  提高花菜种子产量的 $L_8(2^7)$ 正交设计及种子产量

| 序列号 | a | b | ab | c | ac | 6 | d | yield |
|---|---|---|---|---|---|---|---|---|
| 1 | 1 | 1 | 1 | 1 | 1 | 1 | 1 | 350 |
| 2 | 1 | 1 | 1 | 2 | 2 | 2 | 2 | 325 |
| 3 | 1 | 2 | 2 | 1 | 1 | 2 | 2 | 425 |

续表

| 序列号 | a | b | ab | c | ac | 6 | d | yield |
|---|---|---|---|---|---|---|---|---|
| 4 | 1 | 2 | 2 | 2 | 2 | 1 | 1 | 425 |
| 5 | 2 | 1 | 2 | 1 | 2 | 1 | 2 | 200 |
| 6 | 2 | 1 | 2 | 2 | 1 | 2 | 1 | 250 |
| 7 | 2 | 2 | 1 | 1 | 2 | 2 | 1 | 275 |
| 8 | 2 | 2 | 1 | 2 | 1 | 1 | 2 | 375 |

## 5.4.1 方差分析

首先对所有因素效应进行初步方差分析,脚本程序如下:

```
a = factor(c(1,1,1,1,2,2,2,2))
b = factor(c(1,1,2,2,1,1,2,2))
ab = factor(c(1,1,2,2,2,2,1,1))
c = factor(c(1,2,1,2,1,2,1,2))
ac = factor(c(1,2,1,2,2,1,2,1))
d = factor(c(1,2,2,1,2,1,1,2))
yield = c(350,325,425,425,200,250,275,375)
data=data.frame(a,b,c,d,ab,ac,yield)
result = aov(yield ~ a + b + c + d + ab + ac)
summary(result)
```

该脚本程序的运行结果如下:

```
> result = aov(yield ~ a + b + c + d + ab + ac)
> summary(result)
          Df Sum Sq Mean Sq F value Pr(>F)
a          1  22578   22578  32.111  0.111
b          1  17578   17578  25.000  0.126
c          1   1953    1953   2.778  0.344
d          1     78      78   0.111  0.795
ab         1     78      78   0.111  0.795
ac         1   3828    3828   5.444  0.258
Residuals  1    703     703
```

由以上运行结果可以看出,各项变异来源的 $F$ 值均不显著,这是由于各因素均为2水平,导致试验误差的自由度过小,仅为1,因此达到显著的临界 $F$ 值过大。解决这个问题的根本方法是增加试验的重复数,也可以将小于1的变异项(即d和ab)合并为误差项,从而提高假设检验的灵敏度。具体脚本程序如下:

```
result_1 = aov(yield ~ a + b + c + ac)
summary(result_1)
```

该脚本程序的运行结果如下:

```
> result_1 = aov(yield ~ a + b + c + ac)
> summary(result_1)
            Df  Sum Sq  Mean Sq  F value  Pr(>F)
a            1   22578    22578   78.818  0.00301  **
b            1   17578    17578   61.364  0.00433  **
c            1    1953     1953    6.818  0.07960  .
ac           1    3828     3828   13.364  0.03535  *
Residuals    3     859      286
---
Signif. codes:  0 '***' 0.001 '**' 0.01 '*' 0.05 '.' 0.1 ' ' 1
```

由以上运行结果可知,a、b 和 ac 互相作用达到显著水平,而 c 因素不显著。一般只有达到显著时才有必要选择最优组合。

### 5.4.2　选择最优组合

由于产量越大越好,因此选择方差分析显著因素中产量较大的进行处理。虽然 c 因素不显著,但 ac 互相作用表现显著,因此可在选择 a 处理的基础上进一步选择 c。d 因素由于不显著,故不进行选择。脚本程序如下:

```
Freq_a <- tapply(yield,data[,1],mean)     # yield按a分组,计算平均值

Freq_b <- tapply(yield,data[,2],mean)

data=data[data$a == 1]

data

Freq_ac <- tapply(data$yield,data[,6],mean)

freq = c(Freq_a,Freq_b,Freq_ac)

data.frame(treatment=c("a1","a2","b1","b2","a1c1","a1c2"),mean = freq)
```

该脚本程序的运行结果如下:

```
> data=data[data$a == 1]
> data
  a b c d ab ac yield
1 1 1 1 1  1  1   350
2 1 1 2 2  1  2   325
3 1 2 1 2  2  1   425
4 1 2 2 1  2  2   425
> Freq_ac <- tapply(data$yield, data[,6], mean)
> freq = c(Freq_a, Freq_b, Freq_ac)
> data.frame(treatment=c("a1","a2","b1","b2","a1c1","a1c2"), mean = freq)
  treatment    mean
1        a1  381.25
2        a2  275.00
3        b1  281.25
4        b2  375.00
5      a1c1  387.50
6      a1c2  375.00
```

a 因素中选择产量均值较大的 a1 处理,b 因素中选择均值较大的 b2 处理,在选择 a1 处理的基础上,选择均值较大的 a1c1 处理,即 c 因素选择 c1 处理。由于 d 因素无差异,故最优组

合为a1b2c1d1或a1b2c1d2。本试验中a1b2c1d1组合的产量为425,但a1b2c1d2并未出现在本试验中,因此还需另外设计试验验证上述组合是否为最优组合。

### 5.4.3　作图

具体的脚本程序如下:

```
plot(freq,pch = 16,col = 2,axes = F)
axis(1,0:7,c(NA,"a1","a2","b1","b2","a1c1","a1c2",NA))
axis(3,0:7,c(NA,"a1","a2","b1","b2","a1c1","a1c2",NA))
axis(2,seq(190,450,10))
axis(4,seq(190,450,10))
lines(Freq_a)
lines(3:4,Freq_b)
lines(5:6,Freq_ac)
```

正交试验结果的可视化如图5-4所示。

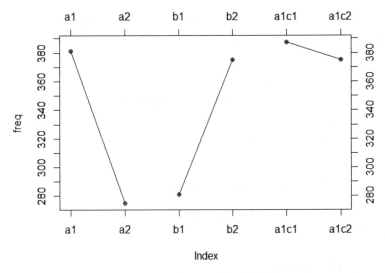

图5-4　正交试验结果的可视化图

# 第6章

# 多元线性回归

多元线性回归的目的:建立回归方程;对回归方程进行显著性检验;分析因变量与自变量取值的内在联系。

## 6.1 一元线性回归

### 6.1.1 回归方程的显著性检验

如果 $SSR$ 的数值较大,$SSE$ 的数值比较小,那么说明回归的效果好;如果 $SSR$ 的数值较小,$SSE$ 的数值比较大,那么说明回归的效果差。

理论上已经证明:

(1)当原假设 $H_0$ 为 $\beta_1 = 0$ 且 $H_0$ 成立时,$\dfrac{SST}{\sigma^2}$ 服从 $\chi^2(n-1)$ 分布,$\dfrac{SSR}{\sigma^2}$ 服从 $\chi^2(1)$ 分布,$\dfrac{SSE}{\sigma^2}$ 服从 $\chi^2(n-2)$ 分布,且 $SSR$ 与 $SSE$ 相互独立。

(2)$F = \dfrac{SSR/1}{SSE/(n-2)}$ 服从 $F(1, n-2)$ 分布。

(3)$\widehat{\sigma^2} = SSE/(n-2)$ 为 $\sigma^2$ 的无偏估计量。

### 6.1.2 相关系数与决定系数

若

$$
\begin{cases}
SSE = SS_y(1 - r^2) \\
SSR = r^2 SS_y \\
r^2 = \dfrac{b_1 SP_{xy}}{SS_y}
\end{cases}
$$

则称 $r$ 为变量 $x$ 与 $y$ 的相关系数;称 $r^2$ 为变量 $x$ 与 $y$ 的决定系数。

$r^2$ 可以解释为 $SSR$ 在 $SST$ 中所占的比例,也就是 $SST$ 中可以用线性关系来说明的部分在 $SST$ 中所占的比例。

理论上已经证明：当原假设 $H_0$ 为总体相关系数 $\rho = 0$ 且 $H_0$ 成立时，$t = r\sqrt{\dfrac{n-2}{1-r^2}}$ 服从 $t(n-2)$ 分布。

### 6.1.3　一元线性回归方程的应用——点预测和区间预测

在应用科学中，称 $\hat{y}_0$ 为 $y_0$ 的点预测值。

理论上已经证明：

(1) 当 $x = x_0$、$y = y_0$、$\hat{y}_0 = b_0 + b_1 x_0$ 时，$E(b_0) = \beta_0$，$E(b_1) = \beta_1$，$E(\hat{y}_0) = E(y_0)$，且统计量 $y_0 - \hat{y}_0$ 服从 $N\left(0, \sigma^2\left[1 + \dfrac{1}{n} + \dfrac{(x_0 - \overline{x})^2}{SS_x}\right]\right)$ 分布。因此，当 $n$ 比较大、$x_0$ 与 $\overline{x}$ 比较接近时，$y_0 - \hat{y}_0$ 的方差比较小，点预测的效果比较好。

(2) $t = \dfrac{y_0 - \hat{y}_0}{\sqrt{\dfrac{SSE}{n-2}\left[1 + \dfrac{1}{n} + \dfrac{(x_0 - \overline{x})^2}{SS_x}\right]}}$ 服从 $t(n-2)$ 分布。

(3) 置信半径为 $t_a(n-2)\sqrt{\dfrac{SSE}{n-2}\left[1 + \dfrac{1}{n} + \dfrac{(x_0 - \overline{x})^2}{SS_x}\right]}$。

(4) 当 $n$、$t_a(n-2)$、$\overline{x}$ 及 $SSE$ 一定时，预测区间的大小由 $\left|x_0 - \overline{x}\right|$ 决定，要得到比较精确的预测，必须 $x_0$ 与 $\overline{x}$ 比较接近。

(5) 当 $n \to +\infty$ 时，$SS_x \to +\infty$，置信半径约等于 $t_a(n-2)\sqrt{\dfrac{SSE}{n-2}}$。因此，若用回归方程进行预测，则当 $n$ 比较小时，只能内插，不能外推；当 $n$ 比较大时，既能内插，又能外推。

### 6.1.4　一元线性回归的实例

以数据文件"dmy.csv"中的 Dihydromyricetin 为因变量，以其中的 Myricetin 为自变量，作一元回归分析。数据文件"dmy.csv"的路径为 C://Users/gjq/Desktop/ZFZ-R/zfz/dmy.csv。

**数据文件"dmy.csv"**

步骤 1：画散点图。

脚本程序如下：

```
dmymy<- read.csv("C://Users/gjq/Desktop/ZFZ-R/zfz/dmy.csv")
plot(Dihydromyricetin ~ Myricetin,data= dmymy,xlab = "Myricetin",
    ylab = "Dihydromyricetin")
```

通过变量 Myricetin 和 Dihydromyricetin 绘制的散点图如图 6-1 所示。

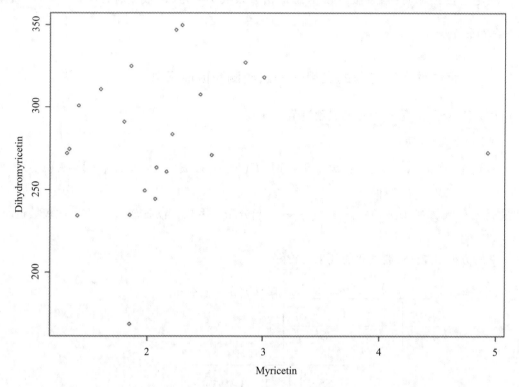

**图 6-1　通过变量 Myricetin 和 Dihydromyricetin 绘制的散点图**

步骤 2：线性回归分析。

运行以下脚本程序：

```
mod <- lm(Dihydromyricetin ~Myricetin,data = dmymy)
mod
```

该脚本程序的运行结果如下：

```
Call:
lm(formula = Dihydromyricetin ~ Myricetin, data = dmymy)

Coefficients:
(Intercept)    Myricetin
   260.750        9.466
```

运行以下脚本程序：

```
attributes(mod)
```

该脚本程序的运行结果如下：

```
> attributes(mod)
$names
 [1] "coefficients"  "residuals"   "effects"      "rank"        "fitted.values" "assign"
 [9] "xlevels"       "call"        "terms"        "model"

$class
[1] "lm"
```

运行以下脚本程序:

```
mod$fitted.values            #该程序为显示回归方程的拟合值
```

该脚本程序的运行结果如下:

```
> mod$fitted.values
       1        2        3        4        5        6        7        8        9       10       11       12       13       14
279.4926 273.2452 289.2424 281.2911 280.4392 278.2621 274.0025 287.7278 284.0362 284.9828 278.2621 273.0559 275.8010 277.7888
      15       16       17       18       19       20       21
281.7644 273.9078 278.3567 280.3446 282.0484 307.4166 282.5217
```

步骤 3:回归系数的显著性检验。

运行以下脚本程序:

```
summary(mod)
```

该脚本程序的运行结果如下:

```
> summary(mod)

Call:
lm(formula = Dihydromyricetin ~ Myricetin, data = dmymy)

Residuals:
     Min       1Q   Median       3Q      Max
-109.582  -30.413    1.275   28.708   67.368

Coefficients:
            Estimate Std. Error t value Pr(>|t|)
(Intercept)  260.750     28.044   9.298 1.68e-08 ***
Myricetin      9.466     12.253   0.773    0.449
---
Signif. codes:  0 '***' 0.001 '**' 0.01 '*' 0.05 '.' 0.1 ' ' 1

Residual standard error: 43.41 on 19 degrees of freedom
Multiple R-squared:  0.03046,   Adjusted R-squared:  -0.02057
F-statistic: 0.5968 on 1 and 19 DF,  p-value: 0.4493
```

步骤 4:回归方程的显著性检验。

运行以下脚本程序:

```
summary(aov(mod))
```

该脚本程序的运行结果如下:

```
> summary(aov(mod))
            Df Sum Sq Mean Sq F value Pr(>F)
Myricetin    1   1125    1125   0.597  0.449
Residuals   19  35802    1884
```

显然,因为 $p=0.449>0.05$,故回归方程不显著。

运行以下脚本程序:

```
SST <- sum((dmymy$Dihydromyricetin-mean(dmymy$Dihydromyricetin))^2)
```

该脚本程序的运行结果如下:

| SST | 36926.9527809524 |
| --- | --- |

运行以下脚本程序:

```
SSE <- sum(residuals(mod)^2)
```

该脚本程序的运行结果如下：

```
> SSE <- sum(residuals(mod)^2)
> SSE
[1] 35802.33
```

运行以下脚本程序：

```
SSt <-sum((fitted(mod)-mean(dmymy$Dihydromyricetin))^2)
```

该脚本程序的运行结果如下：

```
> SSt <-sum((fitted(mod)-mean(dmymy$Dihydromyricetin))^2)
> SSt
[1] 1124.621
```

### 习题 6-1

以 R 语言基础包中的 women 数据集为数据，以其中的 weight 为因变量、
height 为自变量，作一元线性回归分析。

习题 6-1
参考答案

## 6.2　二元线性回归

### 6.2.1　正规方程组的两种形式

正规方程组的第一种形式为

$$\begin{cases} nb_0 + b_1\sum x_1 + b_2\sum x_2 = \sum y \\ b_0\sum x_1 + b_1\sum x_1^2 + b_2\sum x_1 x_2 = \sum x_1 y \\ b_0\sum x_2 + b_1\sum x_1 x_2 + b_2\sum x_2^2 = \sum x_2 y \end{cases}$$

由数据矩阵 $X$、因变量 $Y$ 列向量、系数矩阵 $X'X$、常数项矩阵 $X'Y$、回归系数矩阵 $b$，有

$$X'Xb = X'Y$$

当 $X'X$ 可逆时，$b = (X'X)^{-1}X'Y$。

增广矩阵为 $|X'X\ X'Y|$。

加边增广矩阵为 $\begin{vmatrix} X'X & X'Y \\ Y'X & Y'Y \end{vmatrix}$。

求解求逆可采用紧凑变换法（轴心项变成倒数，与轴心项同行的项除以轴心项，与轴心项同列的项除以轴心项并反号，不同行不同列的项，画长方形并作减乘除运算）。

正规方程组的第二种形式为

$$\begin{cases} SS_1 b_1 + SP_{12} b_2 = SP_{1y} \\ SP_{21} b_1 + SS_2 b_2 = SP_{2y} \end{cases}$$

用紧凑变换法求出正规方程组的解及其系数矩阵的逆矩阵。可以发现 $b_1$ 与 $b_2$ 有关，即

$$b_1 = \frac{SP_{1y}}{SS_1} - b_2\frac{SP_{12}}{SS_1}$$

## 6.2.2 回归方程的显著性检验

如果 $SSR$ 的数值较大，$SSE$ 的数值比较小，那么说明回归的效果好；如果 $SSR$ 的数值较小，$SSE$ 的数值比较大，则说明回归的效果差。

理论上已经证明：

(1) 当原假设 $H_0$ 为 $\beta_1 = 0$ 及 $\beta_2 = 0$ 且 $H_0$ 成立时，$\dfrac{SST}{\sigma^2}$ 服从 $\chi^2(n-1)$ 分布，$\dfrac{SSR}{\sigma^2}$ 服从 $\chi^2(2)$ 分布，$\dfrac{SSE}{\sigma^2}$ 服从 $\chi^2(n-3)$ 分布，且 $SSR$ 与 $SSE$ 相互独立。

(2) $F = \dfrac{SSR/2}{SSE/(n-3)}$ 服从 $F(2, n-3)$ 分布。

(3) $\widehat{\sigma^2} = SSE/(n-3)$ 为 $\sigma^2$ 的无偏估计量。

这里也很容易证明 $SSR = b_1 SP_{1y} + b_2 SP_{2y}$。

## 6.2.3 二元线性回归方程的应用

在应用科学中，称 $\hat{y}_0$ 为 $y_0$ 的点预测值。

理论上已经证明：

(1) 当 $x_1 = x_{10}$、$x_2 = x_{20}$、$y = y_0$、$\hat{y}_0 = b_0 + b_1 x_{10} + b_2 x_{20}$ 时，$E(b_0) = \beta_0$、$E(b_1) = \beta_1$、$E(b_2) = \beta_2$、$E(\hat{y}_0) = E(y_0)$，且统计量 $y_0 - \hat{y}_0$ 服从

$$N\left(0, \sigma^2\left[1 + \frac{1}{n} + \sum_{k=1}^{2}\sum_{j=1}^{2}c_{kj}\left(x_{k0} - \overline{x}_k\right)\left(x_{j0} - \overline{x}_j\right)\right]\right)$$

分布。式中，$c_{kj}$ 为正规方程组系数矩阵的逆矩阵中第 $k$ 行第 $j$ 列的元素。

因此，当 $n$ 比较大，$x_{10}$ 与 $\overline{x}_1$、$x_{20}$ 与 $\overline{x}_2$ 比较接近时，$y_0 - \hat{y}_0$ 的方差比较小，点预测的效果比较好。

(2) $t = \dfrac{y_0 - \hat{y}_0}{\sqrt{\dfrac{SSE}{n-3}\left[1 + \dfrac{1}{n} + \sum\limits_{k=1}^{2}\sum\limits_{j=1}^{2}c_{kj}\left(x_{k0} - \overline{x}_k\right)\left(x_{j0} - \overline{x}_j\right)\right]}}$ 服从 $t(n-3)$ 分布。

(3) 置信半径为 $t_\alpha(n-3)\sqrt{\dfrac{SSE}{n-3}\left[1 + \dfrac{1}{n} + \sum\limits_{k=1}^{2}\sum\limits_{j=1}^{2}c_{kj}\left(x_{k0} - \overline{x}_k\right)\left(x_{j0} - \overline{x}_j\right)\right]}$。

(4) 当 $n$ 比较大，$x_{10}$ 与 $\overline{x}_1$、$x_{20}$ 与 $\overline{x}_2$ 比较接近时，置信半径约等于 $t_\alpha(n-3)\sqrt{\dfrac{SSE}{n-3}}$。

### 6.2.4  二元线性回归的实例

以数据文件"dmy.csv"中的 Dihydromyricetin 和 Myricetin 为自变量,以其中的 Rank 为因变量,作二元回归分析。数据文件"dmy.csv"的路径为 C://Users/gjq/Desktop/ZFZ-R/zfz/dmy.csv。

数据文件
"dmy.csv"

步骤1:数据查询。

运行以下脚本程序:

```
Shuju <- read.csv("C://Users/gjq/Desktop/ZFZ-R/zfz/dmy.csv")
Shuju
```

该脚本程序的运行结果如下:

```
> Shuju
   Rank Dihydromyricetin Myricetin    DMY.MY
1    21           249.08      1.98 125.79798
2    20           274.52      1.32 207.96970
3    19           317.95      3.01 105.63123
4    18           260.94      2.17 120.24885
5    17           263.27      2.08 126.57212
6    16           234.60      1.85 126.81081
7    15           300.64      1.40 214.74286
8    14           326.85      2.85 114.68421
9    13           307.72      2.46 125.08943
10   12           270.69      2.56 105.73828
```

步骤2:线性回归分析。

运行以下脚本程序:

```
mod <- lm(Rank ~Dihydromyricetin + Myricetin,data = Shuju)
mod
```

该脚本程序的运行结果如下:

```
> mod <- lm(Rank ~Dihydromyricetin + Myricetin, data = Shuju)
> mod

Call:
lm(formula = Rank ~ Dihydromyricetin + Myricetin, data = Shuju)

Coefficients:
     (Intercept)  Dihydromyricetin         Myricetin
        22.75906          -0.03034          -1.49905
```

步骤3:回归系数的显著性检验。

运行以下脚本程序:

```
summary(mod)
```

该脚本程序的运行结果如下:

```
> summary(mod)

Call:
lm(formula = Rank ~ Dihydromyricetin + Myricetin, data = Shuju)

Residuals:
    Min     1Q Median     3Q    Max
-8.251 -5.106 -1.942  5.346 10.399

Coefficients:
                 Estimate Std. Error t value Pr(>|t|)
(Intercept)      22.75906    9.47085   2.403   0.0273 *
Dihydromyricetin -0.03034    0.03289  -0.923   0.3685
Myricetin        -1.49905    1.78380  -0.840   0.4117
---
Signif. codes:  0 '***' 0.001 '**' 0.01 '*' 0.05 '.' 0.1 ' ' 1

Residual standard error: 6.223 on 18 degrees of freedom
Multiple R-squared:  0.09481,   Adjusted R-squared:  -0.005768
F-statistic: 0.9426 on 2 and 18 DF,  p-value: 0.408
```

步骤4:回归方程的显著性检验。

运行以下脚本程序:

```
summary(aov(mod))
```

该脚本程序的运行结果如下:

```
> summary(aov(mod))
                 Df Sum Sq Mean Sq F value Pr(>F)
Dihydromyricetin  1   45.7   45.66   1.179  0.292
Myricetin         1   27.3   27.35   0.706  0.412
Residuals        18  697.0   38.72
```

从以上运行结果不难看出,回归系数和回归方程均不显著。

回归方程不显著的原因可能是:①变量间的关系非线性,需要引入指数等非线性模型;②需要引入新的自变量(即自变量还不够);③逆矩阵求不出来,即存在共线性问题,需要去掉共线性的自变量;④因变量不服从正态分布。

## 6.3 多元线性回归

### 6.3.1 $b$是多元线性回归模型中系数 $\beta$ 的无偏估计量

试证明 $b$ 是多元线性回归模型中系数 $\beta$ 的无偏估计量。

**证明** 由于 $Y = X\beta + \varepsilon$,其中各 $\varepsilon$ 服从 $N(0, \sigma^2)$,因此,

$$E(\varepsilon) = 0$$

$$E(Y) = E(X\beta + \varepsilon) = X\beta + E(\varepsilon) = X\beta$$

$$E(b) = E\left[(X'X)^{-1}(X'Y)\right] = (X'X)^{-1}X'E(Y) = (X'X)^{-1}X'X\beta = \beta$$

### 6.3.2 $\sigma^2 A^{-1}$ 是回归系数的协方差矩阵

试证明 $\sigma^2 A^{-1}$ 是回归系数的协方差矩阵。

**证明** 由于 $E(Y)=E(X\beta+\varepsilon)=X\beta+E(\varepsilon)=X\beta,Y-E(Y)=\varepsilon$,其中各 $\varepsilon$ 相互独立且服从 $N(0,\sigma^2)$ 分布,因此,

$$E(\varepsilon)=0$$

$$E(\varepsilon^2)=D(\varepsilon)=\sigma^2$$

当 $i_1\neq i_2$ 时,

$$E(\varepsilon_{i_1}\varepsilon_{i_2})=\text{cov}(\varepsilon_{i_1},\varepsilon_{i_2})=0$$

$$E(\varepsilon\varepsilon')=E\begin{bmatrix} \varepsilon_1^2 & \varepsilon_1\varepsilon_2 & \cdots & \varepsilon_1\varepsilon_n \\ \varepsilon_2\varepsilon_1 & \varepsilon_2^2 & \cdots & \varepsilon_2\varepsilon_n \\ \vdots & \vdots & & \vdots \\ \varepsilon_n\varepsilon_1 & \varepsilon_n\varepsilon_2 & \cdots & \varepsilon_n^2 \end{bmatrix}=\sigma^2 I$$

而

$$\begin{aligned}
E\left[(b-E(b))(b-E(b))'\right]&=E\left\{\left[(X'X)^{-1}X'Y-(X'X)^{-1}X'E(Y)\right]-\left[(X'X)^{-1}X'Y-(X'X)^{-1}X'E(Y)\right]\right\}\\
&=E\left\{\left[(X'X)^{-1}X'(Y-E(Y))\right]\left[(X'X)^{-1}X'(Y-E(Y))\right]'\right\}\\
&=E\left\{\left[(X'X)^{-1}X'\varepsilon\right]\left[(X'X)^{-1}X'\varepsilon\right]'\right\}\\
&=E\left\{(X'X)^{-1}X'\varepsilon\varepsilon'X(X'X)^{-1}\right\}\\
&=(X'X)^{-1}X'E(\varepsilon\varepsilon')X(X'X)^{-1}=\sigma^2(X'X)^{-1}=\sigma^2 A^{-1}
\end{aligned}$$

故

$$\begin{aligned}
\sigma^2 A^{-1}&=E\left[(b-E(b))(b-E(b))'\right]\\
&=E\left\{\begin{bmatrix} b_0-E(b_0) \\ b_1-E(b_1) \\ \vdots \\ b_m-E(b_m) \end{bmatrix}(b_0-E(b_0)\quad b_1-E(b_1)\quad \cdots\quad b_m-E(b_m))\right\}\\
&=\begin{pmatrix} D(b_0) & \text{cov}(b_0,b_1) & \cdots & \text{cov}(b_0,b_m) \\ \text{cov}(b_1,b_0) & D(b_1) & \cdots & \text{cov}(b_1,b_m) \\ \vdots & \vdots & & \vdots \\ \text{cov}(b_m,b_0) & \text{cov}(b_m,b_1) & \cdots & D(b_m) \end{pmatrix}
\end{aligned}$$

从上可以看出,$D(b_j)=\sigma^2 c_{jj}$,$\text{cov}(b_{j_1},b_{j_2})=\sigma^2 c_{j_1j_2}$,其中 $c_{jj}$ 为系数矩阵 $A$ 逆矩阵中第 $j$ 行第 $j$ 列的数值;而 $c_{j_1j_2}$ 为系数矩阵 $A$ 逆矩阵中第 $j_1$ 行第 $j_2$ 列的数值。

### 6.3.3　多元线性回归方程的显著性检验

与二元线性回归方程类似,多元线性回归方程的总平方和也可以分解为剩余平方和与回归平方和两个部分。

$$SST = SSR + SSE$$
$$SST = \sum_i \left( y_i - \overline{y} \right)^2 = SS_y$$
$$SSR = \sum_i \left( \hat{y}_i - \overline{y} \right)^2 = \sum_j b_j SP_{jy}$$

因此,如果 $SSR$ 的数值较大,$SSE$ 的数值比较小,则说明回归的效果好;如果 $SSR$ 的数值较小,$SSE$ 的数值比较大,则说明回归的效果差。

理论上已经证明:

(1) 当原假设 $H_0$ 为 $\beta_1 = 0$、$\beta_2 = 0$、$\cdots\cdots$、$\beta_m = 0$ 且 $H_0$ 成立时,$\dfrac{SST}{\sigma^2}$ 服从 $\chi^2(n-1)$ 分布,$\dfrac{SSR}{\sigma^2}$ 服从 $\chi^2(m)$ 分布,$\dfrac{SSE}{\sigma^2}$ 服从 $\chi^2(n-m-1)$ 分布,且 $SSR$ 与 $SSE$ 相互独立。

(2) $F = \dfrac{SSR/m}{SSE/(n-m-1)}$ 服从 $F(m, n-m-1)$ 分布。

(3) $\widehat{\sigma^2} = SSE/(n-m-1)$ 为 $\sigma^2$ 的无偏估计量。

因此,给出显著性水平 $\alpha$,即可进行多元线性回归方程的显著性检验。

### 6.3.4　多元线性回归方程的应用

与二元线性回归方程类似,多元线性回归方程的应用也包括点预测和区间预测等内容。

当 $x_1 = x_{10}$、$x_2 = x_{20}$、$\cdots\cdots$、$x_m = x_{m0}$,$y = y_0$,$\hat{y}_0 = b_0 + \sum b_j x_{j0}$ 时,$E(b_0) = \beta_0$、$E(b_j) = \beta_j$、$E(\hat{y}_0) = E(y_0)$ 且统计量 $y_0 - \hat{y}_0$ 服从

$$N\left( 0, \sigma^2 \left[ 1 + \frac{1}{n} + \sum_{k=1}^m \sum_{j=1}^m c_{kj} \left( x_{k0} - \overline{x}_k \right) \left( x_{j0} - \overline{x}_j \right) \right] \right)$$

分布。式中,$c_{kj}$ 为正规方程组系数矩阵的逆矩阵中第 $k$ 行第 $j$ 列的元素。

因此,当 $n$ 比较大,$x_{10}$ 与 $\overline{x}_1$、$x_{20}$ 与 $\overline{x}_2$、$\cdots\cdots$、$x_{m0}$ 与 $\overline{x}_m$ 比较接近时,$y_0 - \hat{y}_0$ 的方差比较小,点预测的效果比较好。

作区间估计时,统计量

$$t = \frac{y_0 - \hat{y}_0}{\sqrt{\dfrac{SSE}{n-m-1} \left[ 1 + \dfrac{1}{n} + \sum\limits_{k=1}^m \sum\limits_{j=1}^m c_{kj} \left( x_{k0} - \overline{x}_k \right) \left( x_{j0} - \overline{x}_j \right) \right]}}$$

服从 $t(n-m-1)$ 分布。

置信半径为 $t_a(n-m-1)\sqrt{\dfrac{SSE}{n-m-1}\left[1+\dfrac{1}{n}+\sum\limits_{k=1}^{m}\sum\limits_{j=1}^{m}c_{kj}(x_{k0}-\overline{x}_k)(x_{j0}-\overline{x}_j)\right]}$。

当 $n$ 比较大，$x_{10}$ 与 $\overline{x}_1$、$x_{20}$ 与 $\overline{x}_2$、……、$x_{m0}$ 与 $\overline{x}_m$ 比较接近时，置信半径约等于 $t_a(n-m-1)\sqrt{\dfrac{SSE}{n-m-1}}$。

### 6.3.5 回归系数的显著性检验

由于 $b_j$ 是随机变量 $y_j$ 的线性函数，各 $y_j$ 都服从正态分布，所以 $b_j$ 也服从正态分布，且 $E(b_j)=\beta_j$、$D(b_j)=\sigma^2 c_{jj}$，$\dfrac{b_j-\beta_j}{\sqrt{\sigma^2 c_{jj}}}$ 服从 $N(0,1)$ 分布。

当原假设 $H_0$ 为 $\beta_j=0$ 且 $H_0$ 成立时，由 $\dfrac{SSE}{\sigma^2}$ 服从 $\chi^2(n-m-1)$ 分布可以推出：

(1) $F_j=\dfrac{b_j^2/c_{jj}}{SSE/(n-m-1)}$ 服从 $F(1,n-m-1)$ 分布。

(2) $t_j=\dfrac{b_j/\sqrt{c_{jj}}}{\sqrt{SSE/(n-m-1)}}$ 服从 $t(n-m-1)$ 分布。

因此，给出显著性水平 $\alpha$，即可进行回归系数 $b_j$ 的显著性检验。

### 6.3.6 偏回归平方和

如果 $SSR$ 是 $m$ 个自变量通过 $m$ 元线性回归方程所造成的回归平方和，$SSR^*$ 是剔除自变量 $x_j$ 以后 $m-1$ 个自变量通过 $m-1$ 元线性回归方程所造成的回归平方和，它们的差记作 $SS_j$，即

$$SS_j=SSR-SSR^*$$

$SS_j$ 可用来衡量自变量 $x_j$ 在 $m$ 元线性回归方程中所起作用的重要程度，也被称为自变量 $x_j$ 的偏回归平方和。

试证明：$SS_j=b_j^2/c_{jj},j=1,2,\cdots,m$。

分析：为了证明这个等式，首先需要证明，从 $m$ 元线性回归方程 $\hat{y}=b_0+\sum\limits_{j}^{m}b_j x_j$ 中剔除自变量 $x_j$ 后，$m-1$ 元线性回归方程 $\hat{y}=b_0^*+\sum\limits_{k}b_k^* x_k$ 中的回归系数，即

$$b_k^*=b_k-\dfrac{c_{kj}}{c_{jj}}b_j\ (k\neq j)$$

**证明** 假设建立 $m$ 元线性回归方程 $\hat{y}=b_0+\sum\limits_{j}^{m}b_jx_j$，并且对正规方程组（第二种形式）的增广矩阵进行了消去全部自变量的紧凑变换，得到的矩阵如下：

$$
\begin{pmatrix}
c_{11} & c_{12} & \cdots & c_{1p} & b_1 \\
c_{21} & c_{22} & \cdots & c_{2p} & b_2 \\
\vdots & \vdots & & \vdots & \vdots \\
c_{p1} & c_{p2} & \cdots & c_{pp} & b_p
\end{pmatrix}
$$

根据紧凑变换法的性质，剔除自变量 $x_j$，建立 $m-1$ 元线性回归方程 $\hat{y}=b_0^*+\sum\limits_{k}b_k^*x_k$ 时，只需对上述矩阵作消去 $x_j$ 的紧凑变换，得到矩阵

$$
\begin{pmatrix}
c_{11}^* & c_{12}^* & \cdots & c_{1p}^* & b_1^* \\
c_{21}^* & c_{22}^* & \cdots & c_{2p}^* & b_2^* \\
\vdots & \vdots & & \vdots & \vdots \\
c_{p1}^* & c_{p2}^* & \cdots & c_{pp}^* & b_p^*
\end{pmatrix}
$$

即可得到各 $b_k^*(k\neq j)$。

根据紧凑变换的计算公式：

$$b_k^*=b_k-\frac{c_{kj}}{c_{jj}}b_j(k\neq j)$$

因为 $SSR=\sum\limits_{k}b_kSP_{ky}(k=1,2,\cdots,m)$，$SSR^*=\sum\limits_{k}b_k^*SP_{ky}(k=1,2,\cdots,m\ 且\ k\neq j)$，故

$$SS_j=SSR-SSR^*=\sum\limits_{k}b_kSP_{ky}-\sum\limits_{k}b_k^*SP_{ky}\left(k\neq j\right)$$

$$=\sum\limits_{k}b_kSP_{ky}-\sum\limits_{k}\left(b_k-\frac{c_{kj}}{c_{jj}}b_j\right)SP_{ky}\left(k\neq j\right)$$

$$=b_jSP_{jy}+\frac{b_j}{c_{jj}}\sum\limits_{k}c_{kj}SP_{ky}\left(k\neq j\right)$$

$$=\frac{b_j}{c_{jj}}\sum\limits_{k}c_{kj}SP_{ky}=\frac{b_j^2}{c_{jj}}$$

因此，回归系数的显著性检验又可称为偏回归平方和的显著性检验。

## 6.3.7 标准多元回归方程

在建立 $m$ 元线性回归方程 $\hat{y}=b_0+\sum\limits_{j}^{m}b_jx_j$ 之前，对自变量 $x_j$、因变量 $y$ 及 $\hat{y}$ 进行"标准化"变换。

设 $Z_j=\dfrac{x_j-\overline{x}_j}{\sqrt{SS_j}}$，$Y_j=\dfrac{y_j-\overline{y}_j}{\sqrt{SS_y}}$，$\hat{Y}_j=\dfrac{\hat{y}_j-\overline{y}_j}{\sqrt{SS_y}}$，$j=1,2,\cdots,m$，经过"标准化"变换后，

$\overline{Z}_j=0,\overline{Y}_j=0$,如果所得到的回归方程记作 $\widehat{Y}=p_0+\sum\limits_j p_j Z_j$,则 $p_0=\overline{Y}-\sum\limits_j p_j\overline{Z}_j=0$。称

$\widehat{Y}=\sum\limits_j p_j Z_j$ 为标准多元回归方程;称 $p_j$ 为标准回归系数,也称通径系数。

不难看出,$b_j=p_j\sqrt{\dfrac{SS_y}{SS_j}},j=1,2,\cdots,m$。

**证明**　以二元回归方程为例

$$\begin{cases} SS_1 b_1+SP_{12}b_2=SP_{1y}\\ SP_{12}b_1+SS_2 b_2=SP_{2y}\end{cases}$$

在方程两边分别同时除以 $\sqrt{SS_1 SS_y}$ 和 $\sqrt{SS_2 SS_y}$,可以得到

$$\frac{SS_1}{\sqrt{SS_1 SS_1}}b_1\sqrt{\frac{SS_1}{SS_y}}+\frac{SP_{12}}{\sqrt{SS_1 SS_2}}b_2\sqrt{\frac{SS_2}{SS_y}}=\frac{SP_{1y}}{\sqrt{SS_1 SS_y}}$$

即

$$r_{11}P_1+r_{12}P_2=r_{1y}$$

$$\frac{SP_{12}}{\sqrt{SS_1 SS_2}}b_1\sqrt{\frac{SS_1}{SS_y}}+\frac{SS_2}{\sqrt{SS_2 SS_2}}b_2\sqrt{\frac{SS_2}{SS_y}}=\frac{SP_{2y}}{\sqrt{SS_2 SS_y}}$$

即 $r_{21}P_1+r_{22}P_2=r_{2y}$ 且 $b_j=p_j\sqrt{\dfrac{SS_y}{SS_j}}$。

因此,已知标准回归方程,可以求出多元线性回归方程;反之,已知多元线性回归方程,也可以求出标准回归系数,写出标准回归方程。

标准回归系数 $p_j$ 可解释为自变量 $x_j$ 的值增加一个标准差单位时,因变量 $y$ 的估计值将要改变的标准差单位数。

### 6.3.8　标准形式的正规方程组

由 $(Z_{1i},Z_{2i},\cdots,Z_{mi},Y_i)$ 建立标准回归方程 $\hat{Y}=\sum\limits_j p_j Z_j$ 的正规方程组为

$$\begin{cases} r_{11}p_1+r_{12}p_2+\cdots+r_{1m}p_m=r_{1y}\\ r_{21}p_1+r_{22}p_2+\cdots+r_{2m}p_m=r_{2y}\\ \vdots\\ r_{m1}p_1+r_{m2}p_2+\cdots+r_{mm}p_m=r_{my}\end{cases}$$

解这个方程组,即可算出各 $p_j$,它们的值使得偏差平方和 $\widetilde{Q}$ 最小。

$$\widetilde{Q} = \sum_i \left( Y_i - \hat{Y}_i \right)^2 = \sum_i \left( \frac{y_i - \overline{y}}{\sqrt{SS_y}} - \frac{\hat{y}_i - \overline{y}}{\sqrt{SS_y}} \right)^2 = \sum_i \left( y_i - \hat{y}_i \right)^2 / SS_y = SSE / SS_y$$

### 6.3.9　标准回归系数的显著性检验

若记自变量 $x_1$、$x_2$、……、$x_m$ 的离均差平方和及离均差乘积和矩阵为 $\boldsymbol{L}$,相关系数矩阵为 $\boldsymbol{R}$,则:

$$\boldsymbol{L}^{-1} = \begin{vmatrix} SS_1 & SP_{12} & \cdots & SP_{1m} \\ SP_{21} & SS_2 & \cdots & SP_{2m} \\ \vdots & \vdots & & \vdots \\ SP_{m1} & SP_{m2} & \cdots & SS_m \end{vmatrix}^{-1} = \begin{vmatrix} c_{11} & c_{12} & \cdots & c_{1m} \\ c_{21} & c_{22} & \cdots & c_{2m} \\ \vdots & \vdots & & \vdots \\ c_{m1} & c_{m2} & \cdots & c_{mm} \end{vmatrix}$$

$$\boldsymbol{R}^{-1} = \begin{vmatrix} r_{11} & r_{12} & \cdots & r_{1m} \\ r_{21} & r_{22} & \cdots & r_{2m} \\ \vdots & \vdots & & \vdots \\ r_{m1} & r_{m2} & \cdots & r_{mm} \end{vmatrix}^{-1} = \begin{vmatrix} \tilde{c}_{11} & \tilde{c}_{12} & \cdots & \tilde{c}_{1m} \\ \tilde{c}_{21} & \tilde{c}_{22} & \cdots & \tilde{c}_{2m} \\ \vdots & \vdots & & \vdots \\ \tilde{c}_{m1} & \tilde{c}_{m2} & \cdots & \tilde{c}_{mm} \end{vmatrix}$$

$\boldsymbol{L}^{-1}$ 和 $\boldsymbol{R}^{-1}$ 主对角线上的元素 $c_{jj}$ 与 $\tilde{c}_{jj}$ 之间有关系式:

$$\tilde{c}_{jj} = SS_j c_{jj}, \ j = 1, 2, \cdots, m$$

**证明**　根据相关系数的定义及行列式的性质,相关系数矩阵的行列式

$$|R| = \begin{vmatrix} r_{11} & r_{12} & \cdots & r_{1m} \\ r_{21} & r_{22} & \cdots & r_{2m} \\ \vdots & \vdots & & \vdots \\ r_{m1} & r_{m2} & \cdots & r_{mm} \end{vmatrix} = \frac{1}{SS_1 SS_2 \cdots SS_m} \begin{vmatrix} SS_1 & SP_{12} & \cdots & SP_{1m} \\ SP_{21} & SS_2 & \cdots & SP_{2m} \\ \vdots & \vdots & & \vdots \\ SP_{m1} & SP_{m2} & \cdots & SS_m \end{vmatrix}$$

$|R|$ 中元素 $r_{jj}$ 的代数余子式 $R_{jj} = \dfrac{SS_j}{SS_1 SS_2 \cdots SS_m} L_{jj}$,式中 $L_{jj}$ 是 $|L|$ 中元素 $SS_j$ 的代数余子式。

因此,由 $\tilde{c}_{jj} = \dfrac{R_{jj}}{|R|}$,$c_{jj} = \dfrac{L_{jj}}{|L|}$(逆矩阵对角线元素等于原矩阵对角线元素的代数余子式与原矩阵行列式的比值,可以举例验证),可得关系式:

$$\tilde{c}_{jj} = \frac{R_{jj}}{|R|} = SS_j \frac{L_{jj}}{|L|} = SS_j c_{jj}$$

下面证明 $m$ 元线性回归方程中变量 $x_j$ 的偏回归平方和 $SS_j = \dfrac{b_j^2}{c_{jj}}$ 与标准回归方程中变量 $Z_j$ 的偏回归平方和 $\widetilde{SS}_j = \dfrac{p_j^2}{\tilde{c}_{jj}}$ 之间有关系式 $\widetilde{SS}_j = \dfrac{SS_j}{SS_y}$。

**证明**

$$\widetilde{SS}_j = \frac{p_j^2}{\tilde{c}_{jj}} = \frac{\left(b_j\sqrt{\frac{SS_j}{SS_y}}\right)^2}{SS_j c_{jj}} = \frac{b_j^2}{c_{jj}SS_y} = \frac{SS_j}{SS_y}$$

进行标准回归系数 $p_j$ 的显著性检验时，当原假设 $H_0$ 仍为 $\beta_j = 0$ 且 $H_0$ 成立时，由 $\widetilde{SS}_j$ 和 $\widetilde{SSE}$ 所得到的统计量：

$$F = \frac{\widetilde{SS}_j}{\widetilde{SSE}/(n-m-1)} = \frac{SS_j}{SSE/(n-m-1)}$$

可见标准回归方程的显著性检验和标准回归系数的显著性检验与多元线性回归方程的显著性检验及偏回归系数的显著性检验是一致的。

### 6.3.10 多元线性回归的实例

通过 12 个北方春玉米杂交种的测定数据，研究在相同密度下每穗总粒数($X_1$，粒)、百粒重 ($X_2$，g)、株高($X_3$，cm)与每公顷玉米籽粒产量($Y$，kg/hm²)的关系。试建立每穗总粒数、百粒重、株高对每公顷玉米籽粒产量的多元线性回归方程。原始数据文件见表 6-1。

**数据文件 "yumi.csv"**

R 语言程序链接数据存储路径为 C://Users/gjq/Desktop/ZFZ-R/zfz/yumi.csv。

**表 6-1　12 个北方春玉米杂交种的测定数据**

| 编号 | 每穗总粒数($X_1$，粒) | 百粒重($X_2$，g) | 株高($X_3$，cm) | 产量($Y$，kg/hm²) |
|---|---|---|---|---|
| 1 | 561.7 | 33.4 | 294 | 9042.0 |
| 2 | 504.1 | 40.3 | 287 | 9744.0 |
| 3 | 471.2 | 37.6 | 290 | 8874.0 |
| 4 | 476.6 | 37.0 | 282 | 8833.5 |
| 5 | 456.2 | 33.8 | 278 | 8439.0 |
| 6 | 513.6 | 35.3 | 286 | 9058.5 |
| 7 | 455.0 | 38.1 | 292 | 8103.0 |
| 8 | 594.5 | 31.0 | 276 | 9343.5 |
| 9 | 554.2 | 30.9 | 288 | 8604.0 |
| 10 | 493.7 | 30.1 | 268 | 7287.0 |

续表

| 编号 | 每穗总粒数($X_1$, 粒) | 百粒重($X_2$, g) | 株高($X_3$, cm) | 产量($Y$, kg/hm$^2$) |
|------|------|------|------|------|
| 11 | 525.3 | 31.0 | 277 | 7926.0 |
| 12 | 571.2 | 24.1 | 283 | 6993.0 |

步骤1:数据输入及查询。

脚本程序如下:

```
Shuju <- read.csv("C://Users/gjq/Desktop/ZFZ-R/zfz/yumi.csv")
Shuju
```

该脚本程序的运行结果如下:

```
> Shuju
   每穗总粒数X1 百粒重X2 株高X3  产量Y
1       561.7      33.4    294 9042.0
2       504.1      40.3    287 9744.0
3       471.2      37.6    290 8874.0
4       476.6      37.0    282 8833.5
5       456.2      33.8    278 8439.0
6       513.6      35.3    286 9058.5
7       455.0      38.1    292 8103.0
8       594.5      31.0    276 9343.5
9       554.2      30.9    288 8604.0
10      493.7      30.1    268 7287.0
11      525.3      31.0    277 7926.0
12      571.2      24.1    283 6993.0
```

步骤2:线性回归分析。

运行以下脚本程序:

```
mod <- lm(产量Y ~每穗总粒数X1 + 百粒重X2 + 株高X3,data = Shuju)
mod
```

该脚本程序的运行结果如下:

```
> mod <- lm(产量Y ~每穗总粒数X1 + 百粒重X2 +  株高X3, data = Shuju)
> mod

Call:
lm(formula = 产量Y ~ 每穗总粒数X1 + 百粒重X2 + 株高X3, data = Shuju)

Coefficients:
 (Intercept)   每穗总粒数X1      百粒重X2       株高X3
   -2829.29         14.95        238.15      -15.30
```

步骤3:回归系数及回归方程的显著性检验。

运行以下脚本程序:

```
summary(mod)
```

该脚本程序的运行结果如下:

```
> summary(mod)

Call:
lm(formula = 产量Y ~ 每穗总粒数x1 + 百粒重x2 + 株高x3, data = shuju)

Residuals:
    Min      1Q  Median      3Q     Max
-476.35 -188.02   28.89  150.27  651.61

Coefficients:
              Estimate Std. Error t value Pr(>|t|)
(Intercept)  -2829.291   4142.228  -0.683 0.513874
每穗总粒数x1     14.949      3.109   4.808 0.001342 **
百粒重x2        238.150     36.622   6.503 0.000188 ***
株高x3         -15.297     16.583  -0.922 0.383277
---
Signif. codes:  0 '***' 0.001 '**' 0.01 '*' 0.05 '.' 0.1 ' ' 1

Residual standard error: 348.8 on 8 degrees of freedom
Multiple R-squared:  0.8676,    Adjusted R-squared:  0.818
F-statistic: 17.48 on 3 and 8 DF,  p-value: 0.000714
```

从以上运行结果不难看出,自变量"株高 $X_3$"的回归系数不显著,即株高对因变量"产量 $Y$"的影响被认为是不重要的。因此可以剔除自变量"株高 $X_3$",重新建立二元线性回归方程。同时因为 $F=17.48$, $p=0.000714$,故三元线性回归方程是极显著的。

步骤4:回归方程偏回归系数的 $F$ 检验。

运行以下脚本程序:

```
summary(aov(mod))
```

该脚本程序的运行结果如下:

```
> summary(aov(mod))
              Df  Sum Sq Mean Sq F value   Pr(>F)
每穗总粒数x1     1   10018   10018   0.082    0.781
百粒重x2        1 6267783 6267783  51.512 9.45e-05 ***
株高x3         1  103534  103534   0.851    0.383
Residuals     8  973413  121677
---
Signif. codes:  0 '***' 0.001 '**' 0.01 '*' 0.05 '.' 0.1 ' ' 1
```

从以上脚本程序的运行结果可以看出,此处 $F$ 检验的结果与步骤3中 $t$ 检验的结果不一致。实际上,R语言中,多元线性回归分析中回归系数的 $F$ 检验与一元线性回归分析中回归系数的 $F$ 检验,脚本代码是有区别的。此处需要利用car包里面的 Anova() 函数。

输入下面的脚本程序:

```
library(car)

Anova(mod,type = "II")          #type = "II" 进行类型 II 平方和检验
```

R语言的运行结果如下:

```
> Anova(mod, type = "II")
Anova Table (Type II tests)

Response: 产量Y
              Sum Sq Df F value    Pr(>F)
每穗总粒数x1  2812500  1 23.1145 0.0013422 **
百粒重x2      5145495  1 42.2883 0.0001875 ***
株高x3        103534  1  0.8509 0.3832769
Residuals    973413  8
---
Signif. codes:  0 '***' 0.001 '**' 0.01 '*' 0.05 '.' 0.1 ' ' 1
```

从以上运行结果容易发现,运行结果与步骤3中的结果是一致的,即 $F=t^2$。

步骤5:重新进行线性回归分析。

运行以下脚本程序:

```
mod <- lm(产量Y ~每穗总粒数X1 + 百粒重x2,data = Shuju)
Mod
```

该脚本程序的运行结果如下:

```
> mod <- lm(产量Y ~每穗总粒数x1 + 百粒重x2, data = Shuju)
> mod

Call:
lm(formula = 产量Y ~ 每穗总粒数x1 + 百粒重X2, data = Shuju)

Coefficients:
  (Intercept)   每穗总粒数X1      百粒重X2
    -6012.25         13.92       219.58
```

步骤6:重新进行回归方程的显著性检验。

运行以下脚本程序:

```
Anova(mod,type = "II")
#Anova()函数默认就是类型II平方和检验,故此处也可以省略"type = 'II'"
```

该脚本程序的运行结果如下:

```
> Anova(mod, type = "II")
Anova Table (Type II tests)

Response: 产量Y
              Sum Sq Df F value    Pr(>F)
每穗总粒数X1 2798670  1  23.388  0.000926 ***
百粒重X2     6267783  1  52.380 4.882e-05 ***
Residuals   1076947  9
---
Signif. codes:  0 '***' 0.001 '**' 0.01 '*' 0.05 '.' 0.1 ' ' 1
```

步骤7:重新进行回归系数的显著性检验。

运行以下脚本程序:

```
summary(mod)
```

该脚本程序的运行结果如下:

```
> summary(mod)

Call:
lm(formula = 产量Y ~ 每穗总粒数x1 + 百粒重X2, data = Shuju)

Residuals:
    Min     1Q  Median     3Q     Max
-584.64 -181.57  -14.13 129.84  678.86

Coefficients:
             Estimate Std. Error t value Pr(>|t|)
(Intercept) -6012.254   2272.535  -2.646 0.026667 *
每穗总粒数X1    13.920      2.878   4.836 0.000926 ***
百粒重X2       219.584     30.340   7.237 4.88e-05 ***
---
```

79

```
Signif. codes:  0 '***' 0.001 '**' 0.01 '*' 0.05 '.' 0.1 ' ' 1

Residual standard error: 345.9 on 9 degrees of freedom
Multiple R-squared:  0.8536,    Adjusted R-squared:  0.821
F-statistic: 26.23 on 2 and 9 DF,  p-value: 0.0001759
```

从以上运行结果可以看出,二元线性回归方程是最优回归方程,两个自变量的回归系数均是显著的。

### 6.3.11 多重共线性的诊断

#### 1.特征根判定法

根据矩阵行列式的性质,矩阵的行列式等于其特征根的连乘积。因而,当行列式 $|X'X| \approx 0$ 时,矩阵 $X'X$ 至少有一个特征根近似为零。反之可以证明,当矩阵 $X'X$ 至少有一个特征根近似为零时,$X$ 的列向量间必然存在复共线性。

**证明** 设 $X = (X_0, X_1, \cdots, X_m)$,其中 $X_i$ 为 $X$ 的列向量;

$X_0 = (1, 1, \cdots, 1)'$ 是元素全为 1 的 $n$ 维列向量;

$\lambda$ 是矩阵 $X'X$ 的一个近似为零的特征根,即 $\lambda \approx 0$;

$c = (c_0, c_1, \cdots, c_m)'$ 是对应于特征根 $\lambda$ 的单位特征向量,即

$$X'Xc = \lambda c \approx 0$$

上式两边左乘 $c'$,得 $c'X'Xc \approx 0$,从而 $Xc \approx 0$,即 $c_0 + c_1 x_{i1} + c_2 x_{i2} + \cdots + c_m x_{im} \approx 0$,其中 $i = 1, 2, \cdots, n$,这正是定义的多重共线性关系。

特征根分析表明,当矩阵 $X'X$ 有一个特征根近似为零时,设计矩阵 $X$ 的列向量间必然存在复共线性。那么特征根近似为零的标准如何确定呢? 这可以用下面的条件数(condition index)确定。

设 $X'X$ 的最大特征根为 $\lambda_m$,称 $k = \sqrt{\dfrac{\lambda_m}{\lambda_i}}$ 为特征根 $\lambda_i$ 的条件数。

用条件数判断多重共线性的准则:

当 $0 < k < 100$ 时,设计矩阵 $X$ 没有多重共线性;

当 $100 \leqslant k < 1000$ 时,设计矩阵 $X$ 存在较强的多重共线性;

当 $k \geqslant 1000$ 时,设计矩阵 $X$ 存在严重的多重共线性。

#### 2.方差扩大因子法

设 $R_j^2$ 为自变量 $x_j$ 对其余 $m-1$ 个自变量的复判定系数,试证明:

$$D(b_j) = \frac{\sigma^2}{\sum x_j^2} \frac{1}{1 - R_j^2}$$

其中:$\sigma^2 / \sum x_j^2$ 是自变量不相关情况下 $b_j$ 的方差;$R_j^2$ 度量了 $x_j$ 与其余自变量之间的线性相关

程度；$1/\left(1-R_j^2\right)$可视为自变量相关情况下方差扩大的倍数，称为方差膨胀因子，记为 $\text{VIF}_j$，显然 $\text{VIF}_j \geqslant 1$。经验表明，当 $\text{VIF}_j \geqslant 10$ 时，说明自变量 $x_j$ 与其余自变量之间有严重的多重共线性。

当某个自变量 $x_j$ 对其余 $m-1$ 个自变量的复判定系数 $R_j^2$ 超过一定界限时，SPSS 软件将拒绝这个自变量 $x_j$ 进入回归模型。称 $1-R_j^2$ 为自变量 $x_j$ 的容忍度（tolerance）。SPSS 软件的默认容忍度为 0.0001，即当 $R_j^2 > 0.9999$ 时，自变量 $x_j$ 将被自动拒绝在回归方程之外，除非修改了容忍度的默认值。

### 3.多重共线性的诊断举例

以前面的玉米杂交种测定数据为例，分析自变量每穗总粒数($X_1$，粒)、百粒重($X_2$，g)和株高($X_3$，cm)的共线性。

**方法一：**

脚本程序如下：

```
Shuju <- read.csv("C://Users/gjq/Desktop/ZFZ-R/zfz/yumi.csv")
XX <- cor(Shuju[,1:3])
#cor()函数用于计算变量的相关系数
XX
kappa(XX,exact=TRUE)
```

基本包里面就有 kappa() 函数，如果程序运行时显示没有找到这个函数，试试在帮助文件中拷贝该函数的写法，问题可以得到解决。

值得注意的是，kappa() 函数返回的是条件数 $k$ 的平方值，即最大特征根与最小特征根的比值。

该脚本程序的运行结果如下：

```
> XX <- cor(Shuju[,1:3])
> XX
                每穗总粒数X1    百粒重X2      株高X3
每穗总粒数X1     1.000000 -0.6374140 -0.0381610
百粒重X2        -0.637414  1.0000000  0.4475024
株高X3          -0.038161  0.4475024  1.0000000
> kappa(XX, exact=TRUE)
[1] 7.525126
```

条件数 $k$ 的平方值为 7.525126，显然可以认为没有多种共线性。

若要显示特征根和特征向量，只需要运行 eigen() 函数，脚本程序如下：

```
eigen(XX)
```

该脚本程序的运行结果如下：

```
> eigen(XX)
eigen() decomposition
$values
[1] 1.7970723 0.9641181 0.2388096

$vectors
          [,1]        [,2]        [,3]
[1,]  0.5789574  0.57388230 -0.5791955
[2,] -0.6988251 -0.01671281 -0.7150973
[3,] -0.4200617  0.81876724  0.3913674
```

**方法二：**

R语言脚本程序如下：

```
Shuju <- read.csv("C://Users/gjq/Desktop/ZFZ-R/zfz/yumi.csv")
mod <- lm(产量Y ~ 每穗总粒数X1 + 百粒重X2 + 株高X3,data = Shuju)
library(car)      #vif()函数在car包里面
vif(mod)
```

该脚本程序的运行结果如下：

```
> vif(mod)
每穗总粒数X1      百粒重X2        株高X3
  1.932868      2.413346      1.434901
```

因此可以认为此处自变量间不存在多重共线性问题,与第一种方法的结果一致。

## 4.逐步回归

逐步回归是建立最优回归方程的方法之一。在最优回归方程中,包含所有对因变量有显著影响的自变量(不包含对因变量没有显著影响的自变量)。

逐步回归的基本思想如下：

(1) 从一个自变量开始,将自变量一个一个地引入回归方程,并且在每一次决定引入一个自变量时,这个自变量的偏回归平方和经过检验应该是所有尚未引入回归方程的自变量中最为显著的那一个。

(2) 在引入一个新的自变量建立新的线性回归方程之后,接着对早先引入回归方程的自变量逐个进行检验,从偏回归平方和最小的自变量开始,将偏回归平方和经过检验不显著的自变量从回归方程中逐个剔除。

(3) 引入自变量与剔除自变量交替进行,直到再也不能引入新的自变量又不能从回归方程中剔除已经引入的自变量为止。

比较两个回归方程的优劣,一般有三种方法可供选择。

第一种方法是计算误差均方,或称为剩余均方,即 $SSE/(n-m-1)$ 或 $\widetilde{SSE}/(n-m-1)$,该值较小的回归方程较优。有时直接计算剩余平方和 $SSE$,也称残差平方和,简写成 $RSS$(residual sum of squares)。$RSS$ 是评估统计模型拟合优度的一种常见指标,表示模型对观测数据的拟合程度。在模型选择和诊断过程中,通常会将 $RSS$ 作为一个重要的评估指标,辅助判断模型的好坏以及不同模型之间的优劣。

第二种方法是计算校正复决定系数 $R^{2*}$,$R^{2*} = R^2 - \dfrac{m(1-R^2)}{n-m-1}$,该值较大的回归方程较优。

第三种方法是计算 AIC,$AIC = n\ln\dfrac{SSE或\widetilde{SSE}}{n} + 2m$,该值较小的回归方程较优。

第四种方法是计算 CP，$CP = \dfrac{\text{本方程的}SSE}{\text{全方程的}SSE} - (n - 2m - 2)$，该值也是最小的回归方程最优。

### 5.逐步回归举例

在某品牌桃肉果汁加工过程的非酶褐变色原因的研究中，测定了该饮料中的无色花青苷（$X1$）、花青苷（$X2$）、美拉德反应（$X3$）、抗坏血酸含量（$X4$）和非酶褐变色度值（$Y$），结果见数据文件"HEBIAN.csv"，试进行逐步回归分析。

数据文件
"HEBIAN.csv"

首先载入数据，对数据进行多元线性回归分析，R语言脚本程序如下：

```
Zhou <- read.csv("C://Users/ZFZ/Desktop/HEBIAN.csv")
mod1 <- lm(Y~X1+X2+X3+X4,data = Zhou)
summary(mod1)
```

然后对回归系数进行 $F$ 检验，脚本程序如下：

```
library(car)
Anova(mod1)
```

R语言脚本程序的运行结果如下：

```
> mod1 <- lm(Y ~ X1+X2+X3+X4, data = Zhou)
> summary(mod1)

Call:
lm(formula = Y ~ X1 + X2 + X3 + X4, data = Zhou)

Residuals:
     Min      1Q  Median      3Q     Max
-0.89096 -0.24517 -0.09054  0.18159  1.09635

Coefficients:
            Estimate Std. Error t value Pr(>|t|)
(Intercept)   6.1807     1.2057   5.126  0.00033 ***
X1          -69.9821    17.0922  -4.094  0.00178 **
X2          189.4302    25.3092   7.485 1.22e-05 ***
X3          -52.8942    31.0287  -1.705  0.11630
X4            1.3958     0.4408   3.167  0.00897 **
---
Signif. codes:  0 '***' 0.001 '**' 0.01 '*' 0.05 '.' 0.1 ' ' 1

Residual standard error: 0.5224 on 11 degrees of freedom
Multiple R-squared:  0.9069,    Adjusted R-squared:  0.8731
F-statistic:  26.8 on 4 and 11 DF,  p-value: 1.275e-05
```

```
> library(car)
载入需要的程辑包：carData
Warning message:
程辑包 'carData' 是用R版本4.1.3 来建造的
> Anova(mod1)
Anova Table (Type II tests)

Response: Y
          Sum Sq Df F value    Pr(>F)
X1        4.5747  1 16.764   0.001776 **
X2       15.2873  1 56.020 1.223e-05 ***
X3        0.7930  1  2.906   0.116298
X4        2.7367  1 10.029   0.008969 **
Residuals 3.0018 11
---
Signif. codes:  0 '***' 0.001 '**' 0.01 '*' 0.05 '.' 0.1 ' ' 1
```

通过以上运行结果可以看出，自变量 $X1$、$X2$ 和 $X4$ 的回归系数均通过检验，而 $X3$ 的回归系数没有通过检验。且 $F$ 检验的结果与 $t$ 检验的结果是一致的。接下来对刚才的数据文件进行逐步回归分析。

**方法一：**后退法。

脚本程序如下：

```
mod1.back <- step(mod1,direction = "backward")
```

step()函数可以帮助在统计建模中逐步选择变量，通过逐步添加或删除变量来改进模型的质量。它基于信息准则（AIC）来进行变量的选择，尝试找到最佳的模型配置。除了变量选择外，step()函数还可以用于模型的诊断。它能够自动进行模型的后向（backward）或前向（forward）选择，评估每一步操作对模型拟合的影响，并提供相关的统计指标。此外，在实际应用中，使用step()函数通常需要将其结合在建模函数（如lm()）的调用中，以便进行模型的自动优化和调整。

该脚本程序的运行结果如下：

```
> mod1 <- lm(Y~X1+X2+X3+X4, data = Zhou)
> mod1.back <- step(mod1, direction = "backward")
Start:  AIC=-16.77
Y ~ X1 + X2 + X3 + X4

       Df Sum of Sq    RSS      AIC
<none>               3.0018 -16.7741
- X3    1   0.7930   3.7948 -15.0234
- X4    1   2.7367   5.7385  -8.4062
- X1    1   4.5747   7.5765  -3.9606
- X2    1  15.2873  18.2891  10.1394
```

当用 $X1$、$X2$、$X3$ 和 $X4$ 作为回归方程的系数时，AIC 值为 $-16.77$，RSS 为 3.00，均为最小值。去掉 $X3$，AIC 和 RSS 值分别变为 $-15.02$ 和 3.79，依此类推。

脚本程序如下：

```
summary(mod1.back)
```

该脚本程序的运行结果如下：

```
> summary(mod1.back)

Call:
lm(formula = Y ~ X1 + X2 + X3 + X4, data = Zhou)

Residuals:
     Min       1Q   Median       3Q      Max
-0.89096 -0.24517 -0.09054  0.18159  1.09635

Coefficients:
            Estimate Std. Error t value Pr(>|t|)
(Intercept)   6.1807     1.2057   5.126  0.00033 ***
X1          -69.9821    17.0922  -4.094  0.00178 **
X2          189.4302    25.3092   7.485 1.22e-05 ***
X3          -52.8942    31.0287  -1.705  0.11630
X4            1.3958     0.4408   3.167  0.00897 **
---
Signif. codes:  0 '***' 0.001 '**' 0.01 '*' 0.05 '.' 0.1 ' ' 1

Residual standard error: 0.5224 on 11 degrees of freedom
Multiple R-squared:  0.9069,    Adjusted R-squared:  0.8731
F-statistic: 26.8 on 4 and 11 DF,  p-value: 1.275e-05
```

后退法中一旦某个自变量被剔除,它就再也没有机会重新进入回归方程。但是一旦进入回归方程,就不能将其踢出回归方程。比如变量 X3 显然是不显著的,但后退法保留了该自变量。

**方法二:**前进法。

脚本程序如下:

```
Zhou <- read.csv("C://Users/ZFZ/Desktop/HEBIAN.csv")
mod2 <- lm(Y~1,data = Zhou)
mod2.for <- step(mod2,scope = list(upper =~X1+X2+X3+X4,lower = ~1),
    direction = "forward")
#step()函数中的参数scope用于指定模型选择的变量范围的参数。具体来说,scope 参数允许你定义
模型中允许添加或删除的变量集合
```

该脚本程序的运行结果如下:

```
Start:  AIC=13.22
Y ~ 1

        Df Sum of Sq    RSS     AIC
+ X2     1   21.7472 10.509 -2.7255
+ X3     1   10.7486 21.508  8.7332
<none>               32.256 13.2180
+ X1     1    1.8425 30.414 14.2769
+ X4     1    0.6895 31.567 14.8723

Step:  AIC=-2.73
Y ~ X2

        Df Sum of Sq    RSS     AIC
+ X1     1    3.5382  6.9709 -7.2934
+ X3     1    2.7573  7.7519 -5.5945
<none>               10.5091 -2.7255
+ X4     1    0.0582 10.4510 -0.8143
```

```
Step:  AIC=-7.29
Y ~ X2 + X1

        Df Sum of Sq     RSS      AIC
+ X4     1   3.1761  3.7948  -15.0234
+ X3     1   1.2324  5.7385   -8.4062
<none>               6.9709   -7.2934

Step:  AIC=-15.02
Y ~ X2 + X1 + X4

        Df Sum of Sq     RSS      AIC
+ X3     1    0.793  3.0018  -16.774
<none>               3.7948  -15.023

Step:  AIC=-16.77
Y ~ X2 + X1 + X4 + X3
```

从以上运行结果可以看出,回归模型中只有回归常数的 AIC 值为 13.22,当引入自变量 $X2$ 时,AIC 值为 $-2.73$,达到最小。当引入 $X2$ 后,再引入 $X1$,AIC 值为 $-7.29$,达到最小。直到全部自变量引入方程后,AIC 值达到最小,逐步回归终止。

脚本程序如下:

```
summary(mod2.for)
```

该脚本程序的运行结果如下:

```
> summary(mod2.for)

Call:
lm(formula = Y ~ X2 + X1 + X4 + X3, data = zhou)

Residuals:
     Min       1Q   Median       3Q      Max
-0.89096 -0.24517 -0.09054  0.18159  1.09635

Coefficients:
            Estimate Std. Error t value Pr(>|t|)
(Intercept)   6.1807     1.2057   5.126  0.00033 ***
X2          189.4302    25.3092   7.485 1.22e-05 ***
X1          -69.9821    17.0922  -4.094  0.00178 **
X4            1.3958     0.4408   3.167  0.00897 **
X3          -52.8942    31.0287  -1.705  0.11630
---
Signif. codes:  0 '***' 0.001 '**' 0.01 '*' 0.05 '.' 0.1 ' ' 1

Residual standard error: 0.5224 on 11 degrees of freedom
Multiple R-squared:  0.9069,    Adjusted R-squared:  0.8731
F-statistic:  26.8 on 4 and 11 DF,  p-value: 1.275e-05
```

模型整体上高度显著,复决定系数 $R^2 = 0.9069$,调整的复决定系数 $R^{*2} = 0.8731$。前进法不能反映引进新的自变量值之后的变化情况。因为某个自变量开始被引入后得到回归方程对应的 AIC 值最小,但是当再引入其他自变量后,可能将其从回归方程中剔除会使得 AIC 值变小,但是使用前进法就没有机会将其剔除,即一旦引入就会是终身制的。这种只考虑引入而没有考虑剔除的做法显然是不全面的。类似地,后退法中一旦某个自变量被剔除,它就再也没有机会重新进入回归方程。因此,人们自然想到将两种方法结合起来,这就产生了逐步回归。

**方法三:**逐步回归法。

脚本程序如下:

```
mod3 <- lm(Y ~.,data = Zhou)
#等同于mod1,建立四元线性回归方程
mod3_step <- step(mod3,direction = "both")
```

direction参数用于指定逐步回归的方向。当 direction = "both" 时,它表示在模型选择过程中,算法将尝试通过添加或删除变量来优化模型,即进行双向逐步回归。

该脚本程序的运行结果如下:

```
> mod3 <- lm(Y ~., data = Zhou)
> mod3_step <- step(mod3, direction = "both")
Start:  AIC=-16.77
Y ~ X1 + X2 + X3 + X4

       Df Sum of Sq     RSS      AIC
<none>                3.0018 -16.7741
- X3    1    0.7930  3.7948 -15.0234
- X4    1    2.7367  5.7385  -8.4062
- X1    1    4.5747  7.5765  -3.9606
- X2    1   15.2873 18.2891  10.1394
```

脚本程序如下:

```
summary(mod3_step)
```

该脚本程序的运行结果如下:

```
> summary(mod3_step)

Call:
lm(formula = Y ~ X1 + X2 + X3 + X4, data = Zhou)

Residuals:
     Min      1Q   Median      3Q      Max
-0.89096 -0.24517 -0.09054  0.18159  1.09635

Coefficients:
            Estimate Std. Error t value Pr(>|t|)
(Intercept)   6.1807     1.2057   5.126  0.00033 ***
X1          -69.9821    17.0922  -4.094  0.00178 **
X2          189.4302    25.3092   7.485 1.22e-05 ***
X3          -52.8942    31.0287  -1.705  0.11630
X4            1.3958     0.4408   3.167  0.00897 **
---
Signif. codes:  0 '***' 0.001 '**' 0.01 '*' 0.05 '.' 0.1 ' ' 1

Residual standard error: 0.5224 on 11 degrees of freedom
Multiple R-squared:  0.9069,    Adjusted R-squared:  0.8731
F-statistic:  26.8 on 4 and 11 DF,  p-value: 1.275e-05
```

从以上运行结果可以看到,逐步回归筛选的最优子集为 $X1$、$X2$、$X3$、$X4$,与后退法和前进法的结果刚好是一致的。但是显著水平为 0.05 时,$X3$ 的回归系数仍然不显著。从上述结果可知,由 AIC 值选出来的模型整体最优,但是可能会包含不显著的变量。故需要删除不显著的变量 $X3$,得到新的最优回归方程。

```
summary(lm(Y ~ X1 + X2 + X4,data = Zhou))
```

逐步回归分析的优化,去掉$X3$后AIC的值是增加最小的,如下:

```
> summary(lm(Y ~ X1 + X2 + X4, data = Zhou))

Call:
lm(formula = Y ~ X1 + X2 + X4, data = Zhou)

Residuals:
    Min      1Q  Median      3Q     Max
-0.7443 -0.3025 -0.1545  0.2817  1.1431

Coefficients:
            Estimate Std. Error t value Pr(>|t|)
(Intercept)   5.4841     1.2211   4.491 0.000738 ***
X1          -79.6413    17.3592  -4.588 0.000624 ***
X2          207.2146    24.8227   8.348 2.43e-06 ***
X4            1.4915     0.4706   3.169 0.008082 **
---
Signif. codes:  0 '***' 0.001 '**' 0.01 '*' 0.05 '.' 0.1 ' ' 1

Residual standard error: 0.5623 on 12 degrees of freedom
Multiple R-squared:  0.8824,    Adjusted R-squared:  0.8529
F-statistic:    30 on 3 and 12 DF,  p-value: 7.372e-06
```

**习题6-2**

某品种水稻糙米含镉量 $y$(mg/kg)与地上部生物量 $x1$(10g/盆)及土壤含镉量 $x2$(100mg/kg)的8组观测值如下表所示,试建立二元线性回归方程并进行回归方程的显著性检验。

| $i$ | 1 | 2 | 3 | 4 | 5 | 6 | 7 | 8 |
|---|---|---|---|---|---|---|---|---|
| $x1$ | 1.37 | 11.34 | 9.67 | 0.76 | 17.67 | 15.91 | 15.74 | 5.41 |
| $x2$ | 9.08 | 1.89 | 3.06 | 10.20 | 0.05 | 0.73 | 1.03 | 6.25 |
| $y$ | 4.93 | 1.86 | 2.33 | 5.78 | 0.06 | 0.43 | 0.87 | 3.86 |

(1)说明加边增广矩阵中各元素的意义;

(2)说明以上矩阵求解求逆后各元素的作用;

(3)说明方差分析表中,prob>$F$的意义;

(4)说明回归系数显著性检验中标准误差、$t$值的计算公式及prob>$|T|$的意义;

(5)说明Root MSE及R-Square的意义。

习题6-2
参考答案

**习题6-3**

建立数据文件(SAS程序语句)如下:

```
Data ex;

input x1-x3 y @@;

x4=2*x1+x2;
```

```
Cards;
35 69 0.7 160 40 74 2.5 260
40 64 2 210 42 74 3 265
37 72 1.1 240 45 68 1.5 220
43 78 4.3 275 37 66 2 160
44 70 3.2 275 42 65 3 250
;
```

（1）输入以下代码：

```
proc reg;
model y=x1-x4/collinoint;      /*对自变量进行共线性分析，不包括截距项*/
run;
```

写出一元、二元、三元、四元回归方程的条件数的算式，并判断是否有共线性。

（2）输入以下代码：

```
proc reg;
model y=x1-x3/AdjRsq;          /*计算模型自由度校正的决定系数*/
run;
```

指出包含哪几个变量的回归方程是最优的，写出它的 $R^{*2}$、$C_{(p)}$ 及 AIC 的算式。

（3）如果用逐步回归 model y＝x1－x3/selection＝stepwise，应选择 SLE（进入水平）＝＿＿＿，SLS（保留水平）＝＿＿＿，才能得到上述最优回归方程。

（4）写出逐步回归过程，包括 $F_1$ 或 $F_2$，$P\{F > F_1\}$ 或 $P\{F > F_2\}$ 及相应的回归方程。

习题 6-3
参考答案

（5）请用 R 语言完成上述 4 个方面的问答。

多个变量之间的线性相关关系普遍存在于科学试验中。本章将从复相关系数和偏相关系数的几个证明出发,在简单介绍两种相关系数的显著性检验后,再着重介绍R语言软件在多元线性相关分析及通径分析中的应用。此外,本章还重点介绍了典型相关分析及R语言在典型相关分析中的应用。

## 7.1 几个重要证明

(1)复相关系数与单个简单相关系数的关系有如下公式:

$$R^2 = \sum_j p_j r_{jy}$$

证明 $R^2 = \dfrac{SSR}{SS_y} = \sum \dfrac{b_j SP_{jy}}{SS_y} = \sum \dfrac{p_j \sqrt{\dfrac{SS_y}{SS_j}} SP_{jy}}{SS_y} = \sum p_j \dfrac{SP_{jy}}{\sqrt{SS_j SS_y}} = \sum p_j r_{jy}$

其中,$p_j$ 为通径系数。

(2)复相关系数 $R$ 等于变量 $y$ 与它的回归估计值 $\hat{y}$ 之间的简单相关系数:

$$R = r_{y\hat{y}}$$

证明

$$SSR = \sum_i \left(\hat{y}_i - \bar{y}\right)^2 = SS_{\hat{y}}$$

$$SSR = \sum_j b_j SP_{jy} = \sum_j b_j \sum_i (x'_{ji} y'_i) = \sum_i y'_i \left(\sum_j b_j x'_{ji}\right) = \sum_i y'_i \hat{y}'_i = SP_{y\hat{y}}$$

因此, $$R = \dfrac{SSR}{\sqrt{SST \times SSR}} = \dfrac{SP_{y\hat{y}}}{\sqrt{SS_y \times SS_{\hat{y}}}} = r_{y\hat{y}}$$

在没有变量 $y$ 的问题中,变量 $x_1, x_2, \cdots, x_m$ 中某一个 $x_j$ 与其他 $m-1$ 个变量的复相关系数也可类似定义。在这样的问题中,计算复相关系数,可先对以下两个矩阵:

$$L = \begin{vmatrix} SS_{11} & SP_{12} & \cdots & SP_{1m} \\ SP_{21} & SS_{22} & \cdots & SP_{2m} \\ \vdots & \vdots & & \vdots \\ SP_{m1} & SP_{m2} & \cdots & SS_{mm} \end{vmatrix} \quad 或 \quad R = \begin{vmatrix} r_{11} & r_{12} & \cdots & r_{1m} \\ r_{21} & r_{22} & \cdots & r_{2m} \\ \vdots & \vdots & & \vdots \\ r_{m1} & r_{m2} & \cdots & r_{mm} \end{vmatrix}$$

施行消去 $x_1, x_2, \cdots, x_m$ 的紧凑变换,即得如下矩阵:

$$L^{-1} = \begin{vmatrix} c_{11} & c_{12} & \cdots & c_{1m} \\ c_{21} & c_{22} & \cdots & c_{2m} \\ \vdots & \vdots & & \vdots \\ c_{m1} & c_{m2} & \cdots & c_{mm} \end{vmatrix} \quad 或 \quad R^{-1} = \begin{vmatrix} \tilde{c}_{11} & \tilde{c}_{12} & \cdots & \tilde{c}_{1m} \\ \tilde{c}_{21} & \tilde{c}_{22} & \cdots & \tilde{c}_{2m} \\ \vdots & \vdots & & \vdots \\ \tilde{c}_{m1} & \tilde{c}_{m2} & \cdots & \tilde{c}_{mm} \end{vmatrix}$$

然后可以按照下面的公式进行复相关系数的计算:

$$R_{j\cdot} = \sqrt{1 - \frac{1}{SS_j c_{jj}}} \quad 或 \quad R_{j\cdot} = \sqrt{1 - \frac{1}{\tilde{c}_{jj}}}$$

(3)在三个变量分别以 $x_1, x_2, x_3$ 表示的问题中,偏相关系数 $r_{12\cdot}$ 的计算公式为

$$r_{12\cdot} = \frac{-c_{12}}{\sqrt{c_{11} c_{22}}}$$

**证明** 设矩阵 $L = \begin{vmatrix} SS_{11} & SP_{12} & SP_{13} \\ SP_{21} & SS_{22} & SP_{23} \\ SP_{31} & SP_{32} & SS_{33} \end{vmatrix}$ (实际上是加边增广矩阵)

$x_1$ 及 $x_2$ 关于 $x_3$ 的回归方程为

$$\hat{x}_1 = b_{10} + b_{13} x_3 \quad 或 \quad \hat{x}_1' = b_{13} x_3'$$
$$\hat{x}_2 = b_{20} + b_{23} x_3 \quad 或 \quad \hat{x}_2' = b_{23} x_3'$$

式中: $b_{13} = \dfrac{SP_{13}}{SS_{33}}$, $b_{23} = \dfrac{SP_{23}}{SS_{33}}$ (分别对应 $L = |\,SS_{33} \quad SP_{31}\,|$ 和 $L = |\,SS_{33} \quad SP_{32}\,|$)。

$$\widetilde{SS}_{11} = \sum_i (x_{1i} - \hat{x}_{1i})^2 = \sum_i (x_{1i}' - \hat{x}_{1i}')^2 = \sum_i (x_{1i}' - b_{13} x_{3i}')^2$$

$$= SS_{11} - 2b_{13} SP_{13} + b_{13}^2 SS_{33} = SS_{11} - \frac{SP_{13}^2}{SS_{33}}$$

$$\widetilde{SS}_{22} = \sum_i (x_{2i} - \hat{x}_{2i})^2 = \sum_i (x_{2i}' - \hat{x}_{2i}')^2 = \sum_i (x_{2i}' - b_{23} x_{3i}')^2$$

$$= SS_{22} - 2b_{23} SP_{23} + b_{23}^2 SS_{33} = SS_{22} - \frac{SP_{23}^2}{SS_{33}}$$

$$\widetilde{SP}_{12} = \sum_i (x_{1i} - \hat{x}_{1i})(x_{2i} - \hat{x}_{2i}) = \sum_i (x_{1i}' - \hat{x}_{1i}')(x_{2i}' - \hat{x}_{2i}')$$

$$= \sum_i (x_{1i}' - b_{13} x_{3i}')(x_{2i}' - b_{23} x_{3i}') = SP_{12} - b_{13} SP_{23} - b_{23} SP_{13} + b_{13} b_{23} SS_{33}$$

$$= SP_{12} - \frac{SP_{13} SP_{23}}{SS_{33}}$$

因此，
$$r_{12\cdot} = \frac{\widetilde{SP}_{12}}{\sqrt{\widetilde{SS}_{11}\widetilde{SS}_{22}}} = \frac{SP_{12}SS_{33} - SP_{13}SP_{23}}{\sqrt{(SS_{11}SS_{33} - SP_{13}^2)(SS_{22}SS_{33} - SP_{23}^2)}}$$

由矩阵 $L^{-1}$ 中的元素：

$$c_{12} = \frac{L_{12}}{|L|} = \frac{-(SP_{12}SS_{33} - SP_{13}SP_{23})}{|L|}$$

$$c_{11} = \frac{L_{11}}{|L|} = \frac{SS_{22}SS_{33} - SP_{23}SP_{23}}{|L|}$$

$$c_{22} = \frac{L_{22}}{|L|} = \frac{SS_{11}SS_{33} - SP_{13}SP_{31}}{|L|}$$

故

$$r_{12\cdot} = \frac{-c_{12}}{\sqrt{c_{11}c_{22}}}$$

（4）试证 $\dfrac{r_{jy\cdot}^2}{1 - r_{jy\cdot}^2} = \dfrac{SS_j}{SSE}$。

**证明** 假设多元线性回归方程为标准回归方程，根据紧凑变换的性质，由矩阵 $R^{(0)}$ 得到矩阵 $R^{(p)}$ 以后，即可在 $R^{(p)}$ 中得到 $x_j$ 的回归系数 $b_j$ 及多元线性回归方程的剩余平方和 $\widetilde{SSE}$。

$$R^{(0)} = \begin{vmatrix} r_{11} & r_{12} & \cdots & r_{1m} & r_{1y} \\ r_{21} & r_{22} & \cdots & r_{2m} & r_{2y} \\ \vdots & \vdots & & \vdots & \vdots \\ r_{m1} & r_{m2} & \cdots & r_{mm} & r_{my} \\ r_{y1} & r_{y2} & \cdots & r_{ym} & r_{yy} \end{vmatrix}$$

$$R^{(p)} = \begin{vmatrix} r_{11}^{(p)} & r_{12}^{(p)} & \cdots & r_{1m}^{(p)} & r_{1y}^{(p)} \\ r_{21}^{(p)} & r_{22}^{(p)} & \cdots & r_{2m}^{(p)} & r_{1y}^{(p)} \\ \vdots & \vdots & & \vdots & \vdots \\ r_{m1}^{(p)} & r_{m2}^{(p)} & \cdots & r_{mm}^{(p)} & r_{my}^{(p)} \\ r_{y1}^{(p)} & r_{y2}^{(p)} & \cdots & r_{ym}^{(p)} & r_{yy}^{(p)} \end{vmatrix}$$

显然，$b_j = r_{jy}^{(p)}$，$\widetilde{SSE} = r_{yy}^{(p)}$。

进一步，以 $r_{yy}^{(p)}$ 为轴心项对 $R^{(p)}$ 作紧凑变换，得到

$$R^{(y)} = \begin{vmatrix} r_{11}^{(y)} & r_{12}^{(y)} & \cdots & r_{1m}^{(y)} & r_{1y}^{(y)} \\ r_{21}^{(y)} & r_{22}^{(y)} & \cdots & r_{2m}^{(y)} & r_{2y}^{(y)} \\ \vdots & \vdots & & \vdots & \vdots \\ r_{m1}^{(y)} & r_{m2}^{(y)} & \cdots & r_{mm}^{(y)} & r_{my}^{(y)} \\ r_{y1}^{(y)} & r_{y2}^{(y)} & \cdots & r_{ym}^{(y)} & r_{yy}^{(y)} \end{vmatrix}$$

根据偏相关系数的计算公式，

$$r_{jy\cdot}^2 = \frac{c_{jy}^2}{c_{jj}c_{yy}} = \frac{\left[r_{jy}^{(y)}\right]^2}{r_{jj}^{(y)}r_{yy}^{(y)}} = \frac{\left[-r_{jy}^{(p)}/r_{yy}^{(p)}\right]^2}{\left(r_{jj}^{(p)} - \frac{r_{jy}^{(p)}r_{yj}^{(p)}}{r_{yy}^{(p)}}\right) \cdot \frac{1}{r_{yy}^{(p)}}}$$

$$1 - r_{jy\cdot}^2 = \frac{r_{jj}^{(p)}/r_{yy}^{(p)}}{\left(r_{jj}^{(p)} - \frac{r_{jy}^{(p)}r_{yj}^{(p)}}{r_{yy}^{(p)}}\right) \cdot \frac{1}{r_{yy}^{(p)}}}$$

故

$$\frac{r_{jy\cdot}^2}{1 - r_{jy\cdot}^2} = \frac{\left[r_{jy}^{(p)}\right]^2}{r_{jj}^{(p)}}\Big/\frac{r_{jj}^{(p)}}{r_{yy}^{(p)}} = \frac{\widetilde{SS}_j}{\widetilde{SSE}} = \frac{SS_j}{SSE}$$

## 7.2　两种相关系数的显著性检验

### 7.2.1　复相关系数 $R$ 及显著性检验

变量 $y$ 与多个变量 $x_1, x_2, \cdots, x_m$ 之间的相关系数称为复相关系数。进行显著性检验时，可先求出：

$$F = \frac{R^2/m}{(1-R^2)/(n-m-1)} = \frac{SSR/m}{SSE/(n-m-1)}$$

然后同临界值 $F_a(m, n-m-1)$ 进行比较。

或者由 $F$ 的计算公式解出 $R = \sqrt{\dfrac{mF}{mF+n-m-1}}$ 后，将临界值 $F_a(m, n-m-1)$ 代入，编制出 $R$ 的临界值表，进而对复相关系数直接进行显著性检验。

### 7.2.2　偏相关系数及显著性检验

在涉及多个变量的问题中，任意两个变量都可能存在着程度不同的线性相关关系。某两个变量变化取值时，其他的变量也在变化取值，并且任意两个变量变化所取的值，都可能受到其他变量变化取值的影响。因此，两个变量之间的简单相关系数往往不能反映这两个变量之间的线性相关关系。

在其他变量都保持不变的情况下，某两个变量之间的相关系数称为偏相关系数。这里所说的"保持不变"是指用统计学的方法消去其他变量变化取值的影响。

在多个变量分别以 $x_1, x_2, \cdots, x_m$ 表示的问题中，变量 $x_{j1}$ 和 $x_{j2}$ 的偏相关系数 $r_{j1j2}$ 等于 $x_{j1}$ 一

$\hat{x}_{j1}$ 与 $x_{j2} - \hat{x}_{j2}$ 之间的简单相关系数。$\hat{x}_{j1}$ 和 $\hat{x}_{j2}$ 分别是由 $x_{j1}$ 和 $x_{j2}$ 关于其他变量的线性回归方程所得的回归估计值。

偏相关系数 $r_{jy\cdot}^2$ 进行显著性检验时,可先算出:

$$F = \frac{r_{jy\cdot}^2}{(1 - r_{jy\cdot}^2)/(n - m - 1)} = \frac{SS_j}{SSE/(n - m - 1)}$$

然后同临界值 $F_a(1, n - m - 1)$ 进行比较。

或者由 $F$ 的计算公式解出 $|r_{jy\cdot}| = \sqrt{\dfrac{F}{F + n - m - 1}}$ 后,将临界值 $F_a(1, n - m - 1)$ 代入,编制出 $r_{jy\cdot}$ 的临界值表。因此也可以对偏相关系数 $r_{jy\cdot}$ 直接进行显著性检验。

在多个变量分别以 $x_1, x_2, \cdots, x_m$ 表示的问题中,偏相关系数 $r_{j1y\cdot}$ 进行显著性检验的方法与上述介绍的一致,只是自由度应改为 $n - m$。

## 7.3  R语言在变量间相关性分析中应用的方法

步骤1:导入数据(数据文件"dmy.csv")。

脚本程序如下:

```
dmymy <- read.csv("C://Users/gjq/Desktop/ZFZ-R/zfz/dmy.csv")
Dmymy
```

**数据文件 "dmy.csv"**

该脚本程序的运行结果如下:

```
   Rank Dihydromyricetin Myricetin    DMY.MY
1    21           249.08      1.98 125.79798
2    20           274.52      1.32 207.96970
3    19           317.95      3.01 105.63123
4    18           260.94      2.17 120.24885
5    17           263.27      2.08 126.57212
6    16           234.60      1.85 126.81081
7    15           300.64      1.40 214.74286
8    14           326.85      2.85 114.68421
9    13           307.72      2.46 125.08943
10   12           270.69      2.56 105.73828
11   11           168.68      1.85  91.17838
12   10           271.76      1.30 209.04615
13    9           310.95      1.59 195.56604
14    8           290.99      1.80 161.66111
15    7           283.30      2.22 127.61261
16    6           234.16      1.39 168.46043
17    5           324.91      1.86 174.68280
18    4           244.08      2.07 117.91304
19    3           346.68      2.25 154.08000
20    2           272.33      4.93  55.23935
21    1           349.89      2.30 152.12609
```

步骤2:绘制散点图。

脚本程序如下:

```
plot(Rank ~ Dihydromyricetin,data = dmymy,xlab =
    "Dihydromyricetin (mg/g)",ylab = "Rank")
```

通过变量Dihydromyricetin和Rank绘制的散点图如图7-1所示。

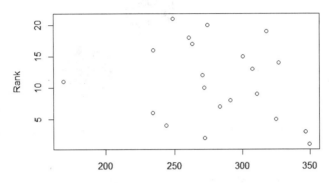

**图7-1 通过变量Dihydromyricetin和Rank绘制的散点图**

步骤3:确认数据并进行相关分析。

脚本程序如下:

```
fenxi <- dmymy[,1:3]
fenxi
```

该脚本程序的运行结果如下:

```
   Rank Dihydromyricetin Myricetin
1    21           249.08      1.98
2    20           274.52      1.32
3    19           317.95      3.01
4    18           260.94      2.17
5    17           263.27      2.08
6    16           234.60      1.85
7    15           300.64      1.40
8    14           326.85      2.85
9    13           307.72      2.46
10   12           270.69      2.56
11   11           168.68      1.85
12   10           271.76      1.30
13    9           310.95      1.59
14    8           290.99      1.80
15    7           283.30      2.22
16    6           234.16      1.39
17    5           324.91      1.86
18    4           244.08      2.07
19    3           346.68      2.25
20    2           272.33      4.93
21    1           349.89      2.30
```

corrplot包里的corrplot()函数可以对相关系数矩阵进行可视化。

```
library(corrplot)
corrplot(cor(fenxi),method = "pie",tl.col = "black",tl.srt = 0)
```

变量 Rank、Dihydromyricetin 和 Myricetin 间相关性的可视化如图 7-2 所示。

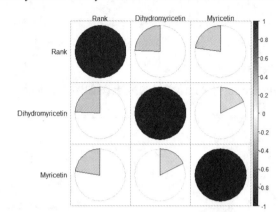

图 7-2　变量 **Rank**、**Dihydromyricetin** 和 **Myricetin** 间相关性的可视化图

脚本程序如下：

```
corrplot(cor(fenxi),method = "pie",type = "upper",tl.col =
    "black",tl.srt = 90)
```

其中：tl.col 为文本标签的颜色；tl.srt 为文本标签字符串旋转角度；type 为风格，可以通过帮助文件了解参数设置的内容。cor() 函数可以用来计算 pearson、spearman 和 kendall 三种相关系数，其中后面两种是非参数的等级相关度量。程序如下：

```
cor(fenxi,method = "pearson")
```

运行结果如下：

```
> cor(fenxi, method = "pearson")
                    Rank Dihydromyricetin  Myricetin
Rank               1.0000000       -0.2435033 -0.2280564
Dihydromyricetin  -0.2435033        1.0000000  0.1745144
Myricetin         -0.2280564        0.1745144  1.0000000
```

变量 Rank、Dihydromyricetin 和 Myricetin 间相关性的 upper 风格可视化如图 7-3 所示。

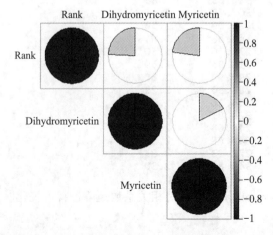

图 7-3　变量 **Rank**、**Dihydromyricetin** 和 **Myricetin** 间相关性的 **upper** 风格可视化图

步骤4:相关系数矩阵的显著性检验。

脚本程序如下:

```
cor.test(dmymy[,2],dmymy[,3],alternative = "two.sided",conf.level = 0.95)
```

该脚本程序的运行结果如下:

```
        Pearson's product-moment correlation

data:  dmymy[, 2] and dmymy[, 3]
t = 0.77255, df = 19, p-value = 0.4493
alternative hypothesis: true correlation is not equal to 0
95 percent confidence interval:
 -0.2781251  0.5637321
sample estimates:
      cor
0.1745144
```

cor.test()函数只能每次检验一个相关系数;而psych包里面的corr.test()函数可计算相关系数矩阵并进行显著性检验。

先安装psych包,然后加载psych,再运行corr.test()函数。

脚本程序如下:

```
library(psych)
```

```
corr.test(fenxi)
```

该脚本程序的运行结果如下:

```
> library(psych)
> corr.test(fenxi)
Call:corr.test(x = fenxi)
Correlation matrix
                 Rank Dihydromyricetin Myricetin
Rank             1.00            -0.24     -0.23
Dihydromyricetin -0.24            1.00      0.17
Myricetin        -0.23            0.17      1.00
Sample Size
[1] 21
Probability values (Entries above the diagonal are adjusted for multiple tests.)
                 Rank Dihydromyricetin Myricetin
Rank             0.00            0.86      0.86
Dihydromyricetin 0.29            0.00      0.86
Myricetin        0.32            0.45      0.00

 To see confidence intervals of the correlations, print with the short=FALSE option
```

上述显著性检验貌似有点问题,其实是没有问题的。"对角线上方的条目针对多个测试进行调整(Entries above the diagonal are adjusted for multiple tests)",而对角线下方的数字显示的是相关系数对应显著性检验的概率值。

脚本程序如下:

```
corr.test(fenxi[,1:2])
```

该脚本程序的运行结果如下:

```
> corr.test(fenxi[ ,1:2])
Call:corr.test(x = fenxi[, 1:2])
Correlation matrix
                 Rank Dihydromyricetin
Rank             1.00          -0.24
Dihydromyricetin -0.24          1.00
Sample Size
[1] 21
Probability values (Entries above the diagonal are adjusted for multiple tests.)
                 Rank Dihydromyricetin
Rank             0.00           0.29
Dihydromyricetin 0.29           0.00

 To see confidence intervals of the correlations, print with the short=FALSE option
```

运行以下脚本程序：

```
corr.test(fenxi[ ,1], fenxi[ ,3])
```

该脚本程序的运行结果如下：

```
> corr.test(fenxi[ ,1], fenxi[ ,3])
Call:corr.test(x = fenxi[, 1], y = fenxi[, 3])
Correlation matrix
[1] -0.23
Sample Size
[1] 21
These are the unadjusted probability values.
  The probability values  adjusted for multiple tests are in the p.adj object.
[1] 0.32

 To see confidence intervals of the correlations, print with the short=FALSE option
```

运行以下脚本程序：

```
corr.test(fenxi[ ,2:3])
```

该脚本程序的运行结果如下：

```
> corr.test(fenxi[ ,2:3])
Call:corr.test(x = fenxi[, 2:3])
Correlation matrix
                 Dihydromyricetin Myricetin
Dihydromyricetin             1.00      0.17
Myricetin                    0.17      1.00
Sample Size
[1] 21
Probability values (Entries above the diagonal are adjusted for multiple tests.)
                 Dihydromyricetin Myricetin
Dihydromyricetin             0.00      0.45
Myricetin                    0.45      0.00

 To see confidence intervals of the correlations, print with the short=FALSE option
```

或者稍微调整一下,脚本程序如下：

```
cor.test(fenxi$Rank, fenxi$Dihydromyricetin)
```

该脚本程序的运行结果如下：

```
> cor.test(fenxi$Rank, fenxi$Dihydromyricetin)

        Pearson's product-moment correlation

data:  fenxi$Rank and fenxi$Dihydromyricetin
t = -1.0943, df = 19, p-value = 0.2875
alternative hypothesis: true correlation is not equal to 0
95 percent confidence interval:
 -0.6109669  0.2102884
sample estimates:
       cor
-0.2435033
```

这可以等价于cor.test(fenxi[ ,1], fenxi[ ,2]),但不能是cor.test(fenxi[ ,1:2])。

步骤5:偏相关。

使用ggm包中的pcor()函数可以计算偏相关系数。这里以R语言数据集birthwt为例,执行偏相关系数的计算程序。需要注意的是,birthwt数据集不在基本包中,而是在MASS包中,因此,若要使用该数据集,就必须加载MASS包。

脚本程序如下:

```
library(MASS)

cont.vars <- dplyr::select(birthwt,age,lwt,bwt)
#dplyr::select()明确指定了要使用dplyr包中的select()函数,而不是默认环境中可能存在同名
 函数的其他版本
names(cont.vars)
```

该脚本程序的运行结果如下:

```
> names(cont.vars)
[1] "age" "lwt" "bwt"
```

再运行以下脚本程序:

```
pcor(c(2, 3, 1), cov(cont.vars))
```

```
> pcor(c(2, 3, 1), cov(cont.vars))
[1] 0.1729928
```

输出结果显示变量lwt和bwt之间的偏相关系数为0.1729928。

步骤6:偏相关系数的显著性检验。

脚本程序如下:

```
r <- pcor(c(2,3,1),cov(cont.vars))
nrow(cont.vars)
```

该脚本程序的运行结果如下:

```
> nrow(cont.vars)
[1] 189
```

再运行以下脚本程序:

```
pcor.test(r,q = 1,n = 189)
```

```
> r <- pcor(c(2, 3, 1), cov(cont.vars))
> pcor.test(r, q = 1, n=189)
$tval
[1] 2.395423

$df
[1] 186

$pvalue
[1] 0.01759341
```

pcor.test()函数中第一个参数 r 为 pcor()函数的输出结果；第二个参数 q 为条件变量的个数（这里只有一个 age）；第三个参数 n 为样本量，这里是 189。因 $pvalue=0.01759341，小于 0.05，因此该偏相关系数达到显著水平（$p < 0.05$）。

## 7.4　相关性的可视化

基本包中的 pairs()函数可以创建一个比较朴素的散点图矩阵（见图 7-4）。

脚本程序如下：

```
pairs(cont.vars)
```

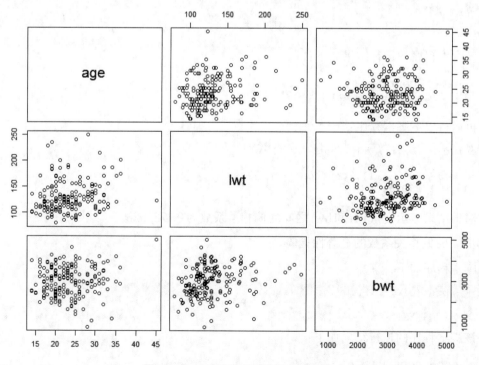

图 7-4　pairs()函数创建的散点图矩阵

car 包里的 scatterplotMatrix()函数也可以用于创建散点图矩阵，并且它有更丰富的选项（见图 7-5）。

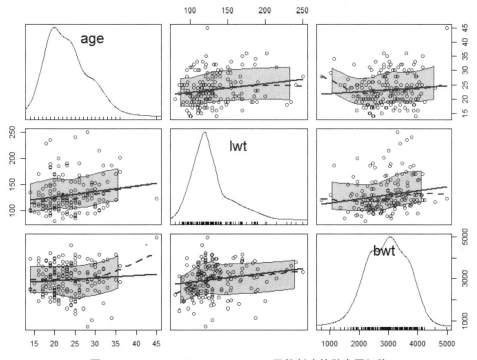

图7-5 scatterplotMatrix(cont.vars)函数创建的散点图矩阵

## 7.5 三种相关系数的实例

以数据文件"dmy.csv"为例,试计算变量"Rank""Dihydromyricetin"和"Myricetin"三种相关系数并进行显著性检验。

简单相关系数的计算及显著性检验参照前面的内容(步骤4:相关系数矩阵的显著性检验)。简单相关系数的手动计算,可以先计算变量的离均差平方和与离均差乘积和并列表;然后根据简单相关系数的计算公式,依次计算变量间的简单相关系数;最后针对相关系数临界值表确定显著性。这里继续计算偏相关系数和复相关系数,并进行显著性检验。

偏相关系数和复相关系数的计算,手动计算需要对简单相关系数加边增广矩阵作紧凑变换,然后依据公式 $r_{j_1j_2\cdot} = \dfrac{-\tilde{c}_{j_1j_2}}{\sqrt{\tilde{c}_{j_1j_1}\tilde{c}_{j_2j_2}}}$ 和 $R_{j\cdot} = \sqrt{1-\dfrac{1}{\tilde{c}_{jj}}}$ (其中 $\tilde{c}_{j_1j_2}$ 为相关系数加边增广矩阵紧凑变换后所得矩阵的第 $j_1$ 行第 $j_2$ 列的数据,其他依此类推)分别计算偏相关系数和复相关系数。脚本程序如下:

```
dmymy <- read.csv("C://Users/gjq/Desktop/ZFZ-R/zfz/dmy.csv")
fenxi <- dmymy[,1:3]
names(fenxi)
library(ggm)
```

```
pcor(c(1,2,3),cov(fenxi))
```

该脚本程序的运行结果如下：

```
> pcor(c(1, 2, 3), cov(fenxi))
[1] -0.212478
```

也可以这样运行以下脚本程序：

```
pcor(c(1,2,3),var(fenxi))
```

该脚本程序的运行结果如下：

```
> pcor(c(1, 2, 3), var(fenxi))
[1] -0.212478
```

或者运行以下脚本程序：

```
pcor(c("Rank","Dihydromyricetin","Myricetin"),cov(fenxi))
```

该脚本程序的运行结果如下：

```
> pcor(c("Rank", "Dihydromyricetin", "Myricetin"), cov(fenxi))
[1] -0.212478
```

即 $r_{12.} = -0.212478$。

再运行以下脚本程序：

```
pcor(c(1,3,2),var(fenxi))
pcor(c(2,3,1),var(fenxi))
```

该脚本程序的运行结果如下：

```
> pcor(c(1, 3, 2), var(fenxi))
[1] -0.1943019
> pcor(c(2, 3, 1), var(fenxi))
[1] 0.1259947
```

即 $r_{13.} = -0.1943019, r_{23.} = 0.1259947$。

偏相关系数的显著性检验如下：

```
r <- pcor(c(1,2,3),cov(fenxi))
nrow(fenxi)
pcor.test(r,q = 1,n = 21)
```

运行结果如下：

```
> r <- pcor(c(1, 2, 3), cov(fenxi))
> nrow(fenxi)
[1] 21
> pcor.test(r, q = 1, n = 21)
$tval
[1] -0.9225331

$df
[1] 18

$pvalue
[1] 0.3684518
```

从以上运行结果可以看出，因为 $t = -0.9225331, p = 0.3684518 > 0.05$，故 $r_{12.} = -0.212478$ 不显著。

再运行以下脚本程序：

```
r <- pcor(c(1,3,2),cov(fenxi))

pcor.test(r,q = 1,n = 21)
```

该脚本程序的运行结果如下：

```
> r <- pcor(c(1, 3, 2), cov(fenxi))
> pcor.test(r, q = 1, n = 21)
$tval
[1] -0.840369

$df
[1] 18

$pvalue
[1] 0.4117258
```

运行以下脚本程序：

```
r <- pcor(c(2,3,1),cov(fenxi))

pcor.test(r,q = 1,n = 21)
```

该脚本程序的运行结果如下：

```
> r <- pcor(c(2, 3, 1), cov(fenxi))
> pcor.test(r, q = 1, n = 21)
$tval
[1] 0.5388442

$df
[1] 18

$pvalue
[1] 0.5965965
```

同理可以看出,另外两个偏相关系数($r_{13.}=-0.1943019, r_{23.}=0.1259947$)也均不显著。

利用 R 语言进行复相关系数的计算,可以利用下面的脚本程序：

```
summary(lm(Rank ~ Dihydromyricetin + Myricetin,data = fenxi))
```

该脚本程序的运行结果如下：

```
> summary(lm(Rank ~ Dihydromyricetin + Myricetin, data = fenxi))

Call:
lm(formula = Rank ~ Dihydromyricetin + Myricetin, data = fenxi)

Residuals:
   Min     1Q Median     3Q    Max
-8.251 -5.106 -1.942  5.346 10.399

Coefficients:
                 Estimate Std. Error t value Pr(>|t|)
(Intercept)      22.75906    9.47085   2.403   0.0273 *
Dihydromyricetin -0.03034    0.03289  -0.923   0.3685
Myricetin        -1.49905    1.78380  -0.840   0.4117
---
Signif. codes:  0 '***' 0.001 '**' 0.01 '*' 0.05 '.' 0.1 ' ' 1

Residual standard error: 6.223 on 18 degrees of freedom
Multiple R-squared:  0.09481,   Adjusted R-squared:  -0.005768
F-statistic: 0.9426 on 2 and 18 DF,  p-value: 0.408
```

类似的脚本程序如下：

```
summary(lm(Dihydromyricetin ~ Rank + Myricetin,data = fenxi))
summary(lm(Myricetin ~ Rank + Dihydromyricetin,data = fenxi))
```

该脚本程序的运行结果如下：

```
> summary(lm(Dihydromyricetin ~ Rank + Myricetin, data = fenxi))

Call:
lm(formula = Dihydromyricetin ~ Rank + Myricetin, data = fenxi)

Residuals:
    Min      1Q   Median      3Q     Max
-110.391  -15.995   -4.242   30.673   52.981

Coefficients:
            Estimate Std. Error t value Pr(>|t|)
(Intercept)  282.845    36.963   7.652 4.59e-07 ***
Rank          -1.488     1.613  -0.923    0.368
Myricetin      6.808    12.634   0.539    0.597
---
Signif. codes:  0 '***' 0.001 '**' 0.01 '*' 0.05 '.' 0.1 ' ' 1

Residual standard error: 43.58 on 18 degrees of freedom
Multiple R-squared:  0.07423,   Adjusted R-squared:  -0.02864
F-statistic: 0.7216 on 2 and 18 DF,  p-value: 0.4995


Call:
lm(formula = Myricetin ~ Rank + Dihydromyricetin, data = fenxi)

Residuals:
    Min       1Q    Median       3Q      Max
-0.85759  -0.54745  -0.06983   0.23912  2.56960

Coefficients:
                 Estimate Std. Error t value Pr(>|t|)
(Intercept)      1.775731   1.347301   1.318    0.204
Rank            -0.025185   0.029969  -0.840    0.412
Dihydromyricetin 0.002332   0.004328   0.539    0.597

Residual standard error: 0.8066 on 18 degrees of freedom
Multiple R-squared:  0.06706,   Adjusted R-squared:  -0.0366
F-statistic: 0.6469 on 2 and 18 DF,  p-value: 0.5354
```

从以上运行结果可以看出，$R_1 = \sqrt{0.09481} = 0.3079$，$R_2 = \sqrt{0.07423} = 0.2725$，$R_3 = \sqrt{0.06706} = 0.2589$，且根据 $F$ 检验的结果表明三个复相关系数均不显著。

可将三种相关系数及其显著性检验结果放在同一张表格中（见表7-1），其中主对角线左下方的数字为简单相关系数，主对角线右上方的数字为偏相关系数，主对角线上的数字为复相关系数。

表7-1　数据文件 "dmy.csv" 中三个变量的三种相关系数

|  | 1(Rank) | 2(Dihydromyricetin) | 3(Myricetin) |
|---|---|---|---|
| 1(Rank) | 0.3079 | −0.2125 | −0.1943 |
| 2(Dihydromyricetin) | −0.2435 | 0.2725 | 0.1260 |
| 3(Myricetin) | −0.2281 | 0.1745 | 0.2589 |

## 7.6　通径分析

通径分析需要用到agricolae包里的path.analysis()和correlation()两个函数。以第6.3.10节中的数据文件"yumi.csv"为例,试进行通径分析。

通径分析步骤如下:

```
Shuju <- read.csv("C://Users/gjq/Desktop/ZFZ-R/zfz/yumi.csv")
x <- Shuju[,1:2]
#把自变量x1和x2从数据框中提出,赋值给x
y <- Shuju[,4]
#把因变量y从数据框中提出,赋值给y
cor.y <- cor(y,x)
cor.y
#计算向量y与向量x的相关系数
```

```
> cor.y
       每穗总粒数x1    百粒重x2
 [1,]    0.0369071  0.6877831
```

```
cor.x <- cor(x,x)
cor.x
```

```
> cor.x <- cor(x, x)
> cor.x
               每穗总粒数x1    百粒重x2
每穗总粒数x1     1.000000  -0.637414
百粒重x2        -0.637414   1.000000
```

```
path.analysis(cor.x,cor.y)    #进行通径分析
```

```
> path.analysis(cor.x,cor.y)
Direct(Diagonal) and indirect effect path coefficients
=======================================================
               每穗总粒数x1    百粒重x2
每穗总粒数x1     0.8005845  -0.7636774
百粒重x2        -0.5103038   1.1980869

Residual Effect^2 =  0.1464288
```

$$误差通径 = \sqrt{1 - R_{y.12}^2} = \sqrt{0.1464288} = 0.38266$$

此处不难发现:

$$1 \times 0.8005 - 0.7636 = r_{1y} = 0.036$$
$$-0.5103 + 1 \times 1.1980 = r_{2y} = 0.68778$$

## 7.7　典型相关分析

假设有两组变量,一组变量为 $X = \left| x_{ij} \right|_{n \times p}$,另一组变量为 $Y = \left| y_{ij} \right|_{n \times q}$,且 $q \geqslant p$,即 $Y$ 变量

的个数不少于 $X$ 变量的个数。

为了研究 $X$ 变量与 $Y$ 变量之间的线性相关关系，可根据它们的 $n$ 组观测值经过标准化变换后的 $X'$ 和 $Y'$，求出系数 $a_k$ 和 $b_k(k=1,2,\cdots,p)$，得到用变量 $X'$ 和 $Y'$ 的线性组合所表示的新变量 $u_k$ 和 $v_k$。

$$\begin{cases} u_k = a_{1k}x_1' + a_{2k}x_2' + \cdots + a_{pk}x_p' \\ v_k = b_{1k}y_1' + b_{2k}y_2' + \cdots + b_{pk}y_p' + \cdots + b_{qk}y_q' \end{cases}$$

对各系数 $a_k$ 和 $b_k$ 的要求如下：

（1）使各个 $u_k$ 和 $v_k$ 的算术平均数为 0，标准差为 1。

（2）使任意两个 $u_k$ 彼此独立不相关，使任意两个 $v_k$ 独立不相关，使 $u_{k1}$ 和 $v_{k2}(k_1 \neq k_2)$ 彼此独立不相关。

（3）使 $u_k$ 和 $v_k$ 的相关系数 $r_k$ 满足关系式 $1 \geq r_1 \geq r_2 \geq \cdots \geq r_p \geq 0$。

称 $u_k$ 和 $v_k$ 为典型变量，称 $r_k$ 为典型相关系数。

理论上，典型变量的对数为 $p$ 对，其中 $u_1$ 和 $v_2$ 的相关系数 $r_1$ 反映的相关成分最多，称为第一对典型变量。在应用时，通常只保留前面几对典型变量。确定保留典型变量对数的方法如下：

（1）对典型相关系数进行显著性检验。

（2）结合实际，看典型相关系数的实际解释。

通常，所求得的典型变量的对数越少，越容易解释。通过典型变量之间的典型相关系数来综合描述两组变量的线性相关关系并进行检验和分析的方法，称为典型相关分析。典型相关分析的原理如下：

设
$$a_k = \begin{vmatrix} a_{1k} \\ a_{2k} \\ \vdots \\ a_{pk} \end{vmatrix}, X = \begin{vmatrix} x_1' \\ x_2' \\ \vdots \\ x_p' \end{vmatrix}, b_k = \begin{vmatrix} b_{1k} \\ b_{2k} \\ \vdots \\ b_{pk} \\ \vdots \\ b_{qk} \end{vmatrix}, Y = \begin{vmatrix} y_1' \\ y_2' \\ \vdots \\ y_p' \\ \vdots \\ y_q' \end{vmatrix}$$

那么

$$E(XX') = R_{xx} = \begin{vmatrix} r_{11} & r_{12} & \cdots & r_{1p} \\ r_{21} & r_{22} & \cdots & r_{2p} \\ \vdots & \vdots & & \vdots \\ r_{p1} & r_{p2} & \cdots & r_{pp} \end{vmatrix}$$

$$E(YY') = R_{yy} = \begin{vmatrix} \tilde{r}_{11} & \tilde{r}_{12} & \cdots & \tilde{r}_{1q} \\ \tilde{r}_{21} & \tilde{r}_{22} & \cdots & \tilde{r}_{2q} \\ \vdots & \vdots & & \vdots \\ \tilde{r}_{q1} & \tilde{r}_{q2} & \cdots & \tilde{r}_{qq} \end{vmatrix}$$

$$E(XY') = \begin{vmatrix} r_{1(1)} & r_{1(2)} & \cdots & r_{1(q)} \\ r_{2(1)} & r_{2(2)} & \cdots & r_{2(q)} \\ \vdots & \vdots & & \vdots \\ r_{p(1)} & r_{p(2)} & \cdots & r_{p(q)} \end{vmatrix} = R_{xy} = R'_{yx}$$

式中：$\tilde{r}_{j1j2}$ 为 $y_{j1}$ 和 $y_{j2}$ 的简单相关系数，而 $r_{j1j2}$ 为 $x_{j1}$ 和 $y_{j2}$ 的简单相关系数。

因此，

$$u_k = a'_k X, v_k = b'_k Y, u_k v_k = a'_k XY' b_k, u_k^2 = a'_k XX' a_k, v_k^2 = b'_k YY' b_k$$

由 $E(X) = 0, E(Y) = 0$ 可得

$$E(u_k) = 0$$
$$E(v_k) = 0$$

$$D(u_k) = E(u_k^2) = a'_k E(XX') a_k = a'_k R_{xx} a_k$$

$$= a_{1k} r_{11} + a_{2k} r_{21} + \cdots + a_{pk} r_{p1} \quad a_{1k} r_{12} + a_{2k} r_{22} + \cdots + a_{pk} r_{p2}$$

$$\cdots a_{1k} r_{1p} + a_{2k} r_{2p} + \cdots + a_{pk} r_{pp} \begin{vmatrix} a_{1k} \\ a_{2k} \\ \vdots \\ a_{pk} \end{vmatrix}$$

$$= a_{1k}^2 + a_{2k}^2 + \cdots + a_{pk}^2 + 2\left(a_{1k} a_{2k} r_{12} + a_{1k} a_{3k} r_{13} + \cdots + a_{(p-1)k} a_{pk} r_{(p-1)p}\right)$$
$$= 1$$

同理：

$$D(v_k) = E(v_k^2) = b'_k E(YY') b_k = b'_k R_{yy} b_k$$

$$= b_{1k} \tilde{r}_{11} + b_{2k} \tilde{r}_{21} + \cdots + b_{qk} \tilde{r}_{q1} \quad b_{1k} \tilde{r}_{12} + b_{2k} \tilde{r}_{22} + \cdots + b_{qk} \tilde{r}_{q2}$$

$$\cdots b_{1k} \tilde{r}_{1q} + b_{2k} \tilde{r}_{2q} + \cdots + b_{qk} r_{qq} \begin{vmatrix} b_{1k} \\ b_{2k} \\ \vdots \\ b_{qk} \end{vmatrix}$$

$$= b_{1k}^2 + b_{2k}^2 + \cdots + b_{qk}^2 + 2\left(b_{1k} b_{2k} \tilde{r}_{12} + b_{1k} b_{3k} \tilde{r}_{13} + \cdots + b_{(q-1)k} b_{qk} \tilde{r}_{(q-1)q}\right)$$
$$= 1$$

$u_k$ 与 $v_k$ 的相关系数为

$$r_k = \frac{\mathrm{cov}(u_k, v_k)}{\sqrt{D(u_k) D(v_k)}} = E(u_k v_k) = a'_k E(XY') b_k = a'_k R_{xy} b_k$$

$$= \begin{vmatrix} a_{1k} & a_{2k} & \cdots & a_{pk} \end{vmatrix} \begin{vmatrix} r_{1(1)} & r_{1(2)} & \cdots & r_{1(q)} \\ r_{2(1)} & r_{2(2)} & \cdots & r_{2(q)} \\ \vdots & \vdots & & \vdots \\ r_{p(1)} & r_{p(2)} & \cdots & r_{p(q)} \end{vmatrix} \begin{vmatrix} b_{1k} \\ b_{2k} \\ \vdots \\ b_{pk} \\ \vdots \\ b_{qk} \end{vmatrix}$$

$$= \begin{vmatrix} a_{1k}r_{1(1)} + a_{2k}r_{2(1)} + \cdots + a_{pk}r_{p(1)} & a_{1k}r_{1(2)} + a_{2k}r_{2(2)} + \cdots + a_{pk}r_{p(2)} & \cdots a_{1k}r_{1(q)} + a_{2k}r_{2(q)} + \cdots + a_{pk}r_{p(q)} \end{vmatrix} \begin{vmatrix} b_{1k} \\ b_{2k} \\ \vdots \\ b_{pk} \\ \vdots \\ b_{qk} \end{vmatrix}$$

$$= a_{1k}b_{1k}r_{1(1)} + a_{1k}b_{2k}r_{1(2)} + \cdots + a_{pk}b_{qk}r_{p(q)}$$

若要求出 $a_{jk}$ 和 $b_{jk}$ 的值,则需满足条件 $D(u_k)=1, D(v_k)=1$,并且使 $r_k$ 最大,可令

$$\varphi = E(u_k v_k) - \frac{1}{2}\lambda\big[D(u_k) - 1\big] - \frac{1}{2}\mu\big[D(v_k) - 1\big]$$

式中:$\lambda$ 及 $\mu$ 为拉格朗日乘数。

由 $\dfrac{\partial \varphi}{\partial a_{1k}} = b_{1k}r_{1(1)} + b_{2k}r_{1(2)} + \cdots + b_{qk}r_{1(q)} - \dfrac{1}{2}\lambda\big[2a_{1k}r_{11} + 2a_{2k}r_{12} + \cdots + 2a_{pk}r_{1p}\big] = 0$ 以及

$\dfrac{\partial \varphi}{\partial a_{2k}} = 0, \cdots, \dfrac{\partial \varphi}{\partial a_{pk}} = 0$, 同理可得 $\dfrac{\partial \varphi}{\partial b_{1k}} = a_{1k}r_{1(1)} + a_{2k}r_{2(1)} + \cdots + a_{pk}r_{p(1)} - \dfrac{1}{2}\mu\big[2b_{1k}\tilde{r}_{11} + $

$2b_{2k}\tilde{r}_{12} + \cdots + 2b_{qk}\tilde{r}_{1p}\big] = 0$,以及 $\dfrac{\partial \varphi}{\partial b_{2k}} = 0, \cdots, \dfrac{\partial \varphi}{\partial b_{qk}} = 0$。

因此,$R_{xy}b_k - \lambda R_{xx}a_k = 0$ 及 $R'_{xy}a_k - \mu R_{yy}b_k = 0$。

分别以 $a'_k$ 和 $b'_k$ 左乘以上两个等式的两边,得到

$$a'_k R_{xy} b_k - \lambda a'_k R_{xx} a_k = a'_k R_{xy} b_k - \lambda D(u_k) = a'_k R_{xy} b_k - \lambda = 0$$
$$b'_k R'_{xy} a_k - \mu b'_k R_{yy} b_k = b'_k R'_{xy} a_k - \mu D(v_k) = b'_k R'_{xy} a_k - \mu = 0$$

不难发现,$a'_k R_{xy} b_k = b'_k R'_{xy} a_k$,故 $\lambda = \mu = r_k$。

为求各 $a_{jk}$ 和 $b_{jk}$ 的值,需解方程组

$$\begin{cases} R_{xy}b_k - \lambda R_{xx}a_k = 0 \\ R'_{xy}a_k - \lambda R_{yy}b_k = 0 \end{cases}$$

以 $R_{xy}R_{yy}^{-1}$ 左乘第二个等式的两边得到

$$R_{xy}R_{yy}^{-1}R'_{xy}a_k - \lambda R_{xy}b_k = 0$$

又以 $\lambda$ 左乘第一个等式的两边得到

$$\lambda R_{xy}b_k - \lambda^2 R_{xx}a_k = 0$$

将以上两式相加得到

$$R_{xy}R_{yy}^{-1}R'_{xy}a_k - \lambda^2 R_{xx}a_k = 0$$

左右两边乘以 $R_{xx}^{-1}$,得到

$$R_{xx}^{-1}R_{xy}R_{yy}^{-1}R'_{xy}a_k - \lambda^2 Ia_k = 0$$

即

$$(R_{xx}^{-1}R_{xy}R_{yy}^{-1}R'_{xy} - \lambda^2 I)a_k = 0$$

要使 $a_k$ 有非零解,其充分必要条件是

$$\left| R_{xx}^{-1} R_{xy} R_{yy}^{-1} R_{xy}' - \lambda^2 I \right| = 0$$

由此式求出 $\lambda$ 后,代入方程组:

$$\begin{cases} R_{xy} b_k - \lambda R_{xx} a_k = 0 \\ R_{xy}' a_k - \lambda R_{yy} b_k = 0 \end{cases}$$

即可求出各个 $a_{jk}$ 和 $b_{jk}$ 的值,写出典型变量 $u_k$ 与 $v_k$。

典型相关分析需要使用 R 语言自带的 cancor() 函数,无需借助第三方 R 包,但典型相关的显著性检验可以使用 CCP 包里面的 p.asym() 函数。也可以使用 yacca 包里面的 cca() 函数完成典型相关分析,再利用 F.test.cca() 函数开展典型相关的显著性检验。

### 7.7.1　典型相关分析实例

棉花红铃虫第一代发蛾高峰日 $y1$(1月1日至发蛾高峰日的天数)、第一代发蛾累计百株卵量 $y2$(粒/百株)、发蛾高峰日百株卵量 $y3$(粒/百株)及2月下旬至3月中旬的平均气温 $x1$(℃)、1月下旬至3月上旬的对数日数 $x2$ 的16组观测数据存储在数据文件"典型相关分析2.csv"中。试作气象指标 $x1$、$x2$ 与虫情指标 $y1$、$y2$、$y3$ 的典型相关分析。

数据文件
**"典型相关分析2.csv"**

脚本程序如下:

```
dx <- read.csv("C://Users/ZFZ/Desktop/典型相关分析2.csv")
dx <- scale(dx)
dx
```

该脚本程序的运行结果如下:

```
            x1          x2          y1          y2          y3
 [1,]  0.37926181 -1.42345778  1.901902454 -0.40603953 -0.53438625
 [2,]  0.32272414  0.23679952 -0.806565962 -0.64450415 -0.54655443
 [3,]  0.04003574  1.17335492 -0.487922619  1.09659334  1.69644818
 [4,]  0.96329603  0.61993582 -0.487922619 -0.05598569 -0.19367699
 [5,] -1.65609461 -0.85939601  1.105294096 -0.86921120 -0.81831063
 [6,] -1.78782740  0.52415174 -0.487922619 -0.92577012 -0.78991819
 [7,] -1.35474878  0.23679952 -0.009957604 -1.07251758 -1.06167438
 [8,] -0.18611497 -0.50818773 -0.328600948 -0.71176341 -0.79397425
 [9,]  0.15311110 -1.75338071  1.901902454  2.66342822  2.34136213
[10,] -0.52534104 -0.01862468  0.308685739 -0.38463886 -0.59928325
[11,]  0.66195021 -0.78489728  0.308685739 -0.29445303 -0.08821936
[12,] -0.09169705 -0.48690238 -0.328600948  0.98958998  1.23811310
[13,]  2.05673473  1.45006447  0.308685739  0.70373815  0.64187190
[14,]  0.98251884  1.00307212 -2.081139335 -0.15534595  0.07402314
[15,]  0.20964878  1.43942179 -0.487922619 -0.71329203 -0.77775000
[16,] -0.16745754 -0.84875333 -0.328600948  0.78016912  0.21192927
attr(,"scaled:center")
      x1        x2        y1        y2        y3
 8.529187  2.147750 174.062500 72.862500 27.475000
attr(,"scaled:scale")
        x1         x2         y1          y2          y3
 1.76873198  0.09396134  6.27661002 65.41850783 24.65445193
```

运行以下脚本程序:

```
cal <- cancor(dx[,1:2],dx[,3:5])
cal
```

该脚本程序的运行结果如下：

```
$cor
[1] 0.7303724 0.4550763

$xcoef
         [,1]          [,2]
x1  0.0755581 -0.257670922
x2 -0.2685139 -0.001899214

$ycoef
         [,1]        [,2]        [,3]
y1  0.1906380  0.1628166 -0.1406601
y2  0.3619613 -0.3988543  0.9234302
y3 -0.2956982  0.1470528 -0.9901031

$xcenter
          x1           x2
5.221518e-16 1.490561e-15

$ycenter
           y1           y2           y3
-3.903128e-18 6.245005e-17 -5.204170e-17
```

再运行以下脚本程序：

```
cal <- cancor(dx[,1:2],dx[,3:5])$cor
cal
p.asym(cal,16,2,3,tstat="Wilks")
```

该脚本程序的运行结果如下：

```
> cal <- cancor(dx[,1:2],dx[,3:5])$cor
> cal
[1] 0.7303724 0.4550763
> p.asym(cal,16,2,3,tstat="Wilks")
Wilks' Lambda, using F-approximation (Rao's F):
              stat   approx df1 df2     p.value
1 to 2:  0.3699350 2.361826   6  22  0.06506278
2 to 2:  0.7929055 1.567106   2  12  0.24850131
```

第一对典型变量的典型相关系数为 0.730；第二对典型变量的典型相关系数为 0.455。同时不难发现，cancor()函数没有明确给出两对典型变量的具体系数。

## 7.7.2　典型相关可视化

典型相关可视化需要用到 yacca 包。同样利用上面的例子（只是数据文件以 xlsx 为扩展名存储），安装 readxl 包后，可以利用 read_excel()函数直接读取普通格式的 Excel 文件中的数据。典型相关分析及其可视化方法如下。

数据文件
"典型相关分析 2.xlsx"

```
dx1 <- read_excel("C://Users/ZFZ/Desktop/典型相关分析2.xlsx")
data <- dx1 %>% rename("平均气温" = x1,"对数日照" = x2,"高峰日"= y1,
   "百株卵量"=y2, "高峰日百株卵量"=y3) %>% dplyr::select(-1)
```

```
dx1 <- scale(dx1)
qixiang <- dx1[, 2:3]
chongqing <- dx1[,4:6]
res.cca <- cca(qixiang, chongqing)
res.cca
```

程序运行结果如下：

```
Canonical Correlation Analysis

Canonical Correlations:
      CV 1      CV 2
 0.7303724 0.4550763

X Coefficients:
         CV 1         CV 2
X1  0.2926353 -0.997955189
X2 -1.0399499 -0.007355622

Y Coefficients:
         CV 1       CV 2
Y1  0.7383377  0.6305861
Y2  1.4018701 -1.5447559
Y3 -1.1452343  0.5695329

Structural Correlations (Loadings) - X Vars:
          CV 1       CV 2
X1  0.007072877 -0.9999750
X2 -0.959594497 -0.2813866

Structural Correlations (Loadings) - Y Vars:
         CV 1       CV 2
Y1 0.9241834  0.3043198
Y2 0.5011966 -0.8215703
Y3 0.3361512 -0.8094798

Aggregate Redundancy Coefficients (Total Variance Explained):
     X | Y: 0.3573574
     Y | X: 0.3148546
```

从此处的运行结果不难发现，第一对典型变量分别为

$$U_1 = 0.293x_1' - 1.040x_2'$$
$$V_1 = 0.738y_1' + 1.402y_2' - 1.145y_3'$$

结构相关中的系数分别代表标准化后的变量与典型变量之间的相关系数，比如：

$0.007072877 = \mathrm{cor}(\mathrm{dx1}[,2], \mathrm{res.cca\$canvarx}[,1])$

依此类推：

$0.9241834 = \mathrm{cor}(\mathrm{dx1}[,4], \mathrm{res.cca\$canvary}[,1])$

而累积冗余系数（总方差解释）的计算方法如下：

$$0.3573574 = \frac{\mathrm{res.cca\$xcrosscorrsq}全部值求和}{2}$$

$$0.3148546 = \frac{\mathrm{res.cca\$ycrosscorrsq}全部值求和}{2}$$

值得注意的是，结构相关系数的平方即是变量的方差贡献。可以利用 res.cca\$xstructcorrsq 和 res.cca\$ystructcorrsq 两个脚本程序显示变量的方差贡献值。

脚本程序如下：

```
F.test.cca(res.cca)
```

该脚本程序的运行结果如下：

```
> F.test.cca(res.cca)

        F Test for Canonical Correlations (Rao's F Approximation)

        Corr        F  Num df  Den df  Pr(>F)
CV 1 0.73037 2.36183 6.00000      22  0.06506 .
CV 2 0.45508     NaN 2.00000     NaN     NaN
---
Signif. codes:  0 '***' 0.001 '**' 0.01 '*' 0.05 '.' 0.1 ' ' 1
```

plot(res.cca)

典型相关系数的可视化如图7-6所示。

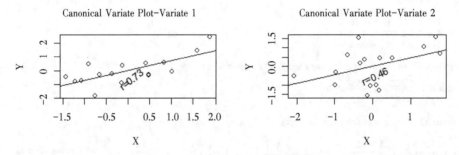

图7-6　典型相关系数的可视化图

再运行以下脚本程序：

```
helio.plot(res.cca,x.name = "qixiang",y.name = "chongqing")
```

典型相关可视化如图7-7所示。

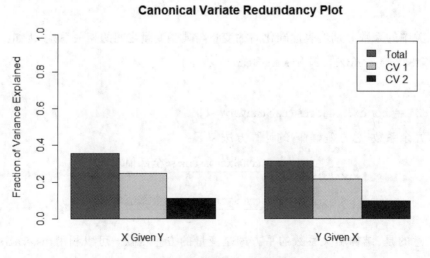

图7-7　典型相关可视化图

脚本程序如下：

```
helio.plot(res.cca,x.name = "qixiang",y.name = "chongqing",type = "variance")
```

variance 风格典型相关可视化图如图 7-8 所示。

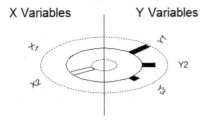

**图7-8 variance风格典型相关可视化图**

### 习题7-1

甘薯实生苗栽培试验中，薯块重 $x_1$(g)、块根粗 $x_2$(mm)、单株结薯数 $x_3$ 及单株产量 $x_4$ (g)的 12 组观测值如下表所示。

| $i$ | $x_1$ | $x_2$ | $x_3$ | $x_4$ |
|---|---|---|---|---|
| 1 | 4.0 | 7.25 | 4.7 | 416.7 |
| 2 | 4.0 | 7.25 | 3.3 | 75.0 |
| 3 | 4.5 | 8.5 | 6.7 | 91.7 |
| 4 | 4.0 | 5.7 | 4.4 | 166.7 |
| 5 | 6.0 | 9.0 | 2.0 | 25.0 |
| 6 | 0.5 | 4.25 | 2.0 | 25.0 |
| 7 | 0.5 | 4.0 | 2.5 | 75.0 |
| 8 | 2.0 | 6.0 | 3.0 | 50.0 |
| 9 | 2.0 | 5.0 | 3.7 | 166.7 |
| 10 | 0.5 | 4.0 | 3.0 | 50.0 |
| 11 | 1.0 | 4.0 | 2.5 | 75.0 |
| 12 | 2.0 | 7.0 | 5.0 | 300.0 |

将 $x_4$ 视为因变量，请写出：

(1) $r_{14}, r_{24}, r_{34}$。

(2) $r_{14.}, r_{24.}, r_{34.}$。

(3) 以 $x_1-x_3$ 为自变量、$x_4$ 为因变量的三元线性回归方程的 $b_1$、$b_2$、$b_3$ 及 $d_1$、$d_2$、$d_3$（此处的 $d_1$、$d_2$、$d_3$ 为通径系数）。

(4) 请对以上简单相关系数、偏相关系数、偏回归系数和通径系数进行评论。

(5) 计算并填写下表：

|  | $p_{x_j \to 4}$ | $p_{x_j \to 1 \to x_4}$ | $p_{x_j \to 2 \to x_4}$ | $p_{x_j \to 3 \to x_4}$ | $r_{jy}$ |
|---|---|---|---|---|---|
| $x_1$ |  |  |  |  |  |
| $x_2$ |  |  |  |  |  |
| $x_3$ |  |  |  |  |  |

求剩余通径并说明表型相关系数与通径系数的关系。

**习题 7-2**

以习题 6-2 为数据，试进行通径分析。

**习题 7-3**

删除数据文件"典型相关分析 2.xlsx"中的最后一组数据，并进行典型相关分析。

(1) 写出典型变量的表达式。

(2) 进行显著性检验。

(3) 写出第一个样品的典型变量 $u_1$ 和 $v_1$。

(4) 写出 $x_1$、$x_2$ 与 $u_1$、$u_2$、$v_1$ 和 $v_2$ 的相关系数矩阵，写出 $y_1$、$y_2$、$y_3$ 与 $u_1$、$u_2$、$v_1$ 和 $v_2$ 的相关系数矩阵；写出 $u_1$、$u_2$ 和 $v_1$、$v_2$ 的相关系数矩阵。

习题 7-1
参考答案

习题 7-2
参考答案

习题 7-3
参考答案

# 第8章
# 多元非线性回归

多元非线性回归是多元线性回归的扩展和补充,可用来描述因变量取值与自变量取值的内在联系。"线性化"是建立非线性回归方程的方法之一。通常可以采用"线性化"的方法将非线性回归方程化为线性回归方程,由线性回归方程的系数求出非线性回归方程的系数。

非线性回归方程尽管不能进行显著性检验,但多个非线性回归方程可以相互比较优劣。在多个非线性回归方程中,与观测值拟合情况较好的回归方程,其剩余平方和较小,相关指数较大。

非线性回归方程的剩余平方和为

$$Q = \sum_i \left( y_i - \widehat{y_i} \right)^2$$

非线性关系的相关指数:

$$\widetilde{R^2} = 1 - \frac{Q}{SSy} = 1 - \frac{\sum_i \left( y_i - \widehat{y_i} \right)^2}{SSy}$$

## 8.1 一元非线性回归

【例8-1】 假设自变量 $x$ 与因变量 $y$ 的9组观测值如表8-1所示,试选用 $\hat{y} = a + \dfrac{b}{x}$、$\hat{y} = ax^b$ 和 $\hat{y} = ae^{bx}$ 3个一元非线性回归方程进行拟合,并比较各回归方程的拟合情况。

表8-1　自变量 $x$ 与因变量 $y$ 的9组观测值

| $i$ | 1 | 2 | 3 | 4 | 5 | 6 | 7 | 8 | 9 |
|---|---|---|---|---|---|---|---|---|---|
| $x_i$ | 1 | 2 | 3 | 4 | 4 | 6 | 6 | 8 | 8 |
| $y_i$ | 1.85 | 1.37 | 1.02 | 0.75 | 0.56 | 0.41 | 0.31 | 0.23 | 0.17 |

步骤1:利用R语言绘制散点图。

脚本程序如下:

```
y <- c(1.85,1.37,1.02,0.75,0.56,0.41,0.31,0.23,0.17)
```

```
x <- c(1,2,3,4,4,6,6,8,8)
plot(x,y,col = "red")
```

利用 R 语言绘制变量 $x$ 和 $y$ 的散点图如图 8-1 所示。

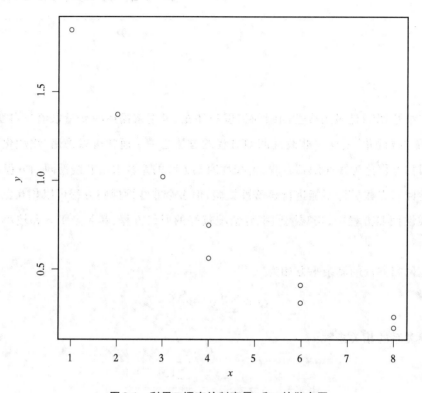

**图 8-1**　利用 R 语言绘制变量 $x$ 和 $y$ 的散点图

步骤 2：建立非线性回归方程 $\hat{y}=a+\dfrac{b}{x}$，令 $X=\dfrac{1}{x}$ 后，方程转化为 $\hat{y}=a+bX$。

脚本程序如下：

```
X <- 1/x
mod <- lm(y ~ X)
mod
```

该脚本程序的运行结果如下：

```
Call:
lm(formula = y ~ X)

Coefficients:
(Intercept)            X
     0.1159       1.9291
```

脚本程序如下：

```
summary(mod)
```

该脚本程序的运行结果如下：

```
> summary(mod)

Call:
lm(formula = y ~ X)

Residuals:
     Min      1Q   Median      3Q      Max
-0.19507 -0.12745 -0.03821  0.15179  0.28950

Coefficients:
            Estimate Std. Error t value Pr(>|t|)
(Intercept)  0.1159     0.1060    1.093 0.310434
X            1.9291     0.2536    7.606 0.000126 ***
---
Signif. codes:  0 '***' 0.001 '**' 0.01 '*' 0.05 '.' 0.1 ' ' 1

Residual standard error: 0.2009 on 7 degrees of freedom
Multiple R-squared:  0.8921,    Adjusted R-squared:  0.8767
F-statistic: 57.86 on 1 and 7 DF,  p-value: 0.0001256
```

运行以下脚本程序：

```
aov(mod)
```

该脚本程序的运行结果如下：

```
> aov(mod)
Call:
   aov(formula = mod)

Terms:
                       X Residuals
Sum of Squares  2.3360525 0.2826364
Deg. of Freedom         1         7

Residual standard error: 0.2009394
Estimated effects may be unbalanced
```

从以上运行结果可以看出，$\hat{y} = 0.1159 + 1.9291X$，且

$$SSy = SSR + SSE = 2.3360525 + 0.2826364 = 2.6186889$$
$$R^2 = 0.8921$$

故所求的非线性回归方程为

$$\hat{y} = 0.1159 + \frac{1.9291}{x}$$

运行以下脚本程序：

```
Q <- sum((y-mod$fitted.values)^2)

Q
```

该脚本程序的运行结果如下：

```
> mod$fitted.values
        1         2         3         4         5         6         7         8         9
2.0450707 1.0804978 0.7589736 0.5982114 0.5982114 0.4374493 0.4374493 0.3570682 0.3570682
> Q <- sum((y-mod$fitted.values)^2)
> Q
[1] 0.2826364
```

故所求的非线性回归方程 $SSy$ 和 $SSE$ 均未发生变化，即 $\widetilde{R}^2 = R^2 = 0.8921$

步骤 3：建立非线性回归方程 $\hat{y} = ax^b$，令 $Y = \ln y, X = \ln x$ 后，方程转化为 $\widehat{Y} = \ln a + bX$。

运行以下脚本程序：

```
X <- log(x)
Y <- log(y)
mod2 <- lm(Y ~ X)
mod2
summary(mod2)
aov(mod2)
```

该脚本程序的运行结果如下：

```
> X <- log(x)
> Y <- log(y)
> mod2 <- lm(Y ~ X)
> mod2

Call:
lm(formula = Y ~ X)

Coefficients:
(Intercept)            X
     0.9638      -1.1292

> summary(mod2)

Call:
lm(formula = Y ~ X)

Residuals:
     Min      1Q   Median       3Q      Max
-0.38774 -0.11180  0.02173  0.16778  0.31387

Coefficients:
            Estimate Std. Error t value Pr(>|t|)
(Intercept)   0.9638     0.2133   4.519  0.00273 **
X            -1.1292     0.1410  -8.010 9.04e-05 ***
---
Signif. codes:  0 '***' 0.001 '**' 0.01 '*' 0.05 '.' 0.1 ' ' 1

Residual standard error: 0.2738 on 7 degrees of freedom
Multiple R-squared:  0.9016,    Adjusted R-squared:  0.8876
F-statistic: 64.16 on 1 and 7 DF,  p-value: 9.041e-05

> aov(mod2)
Call:
   aov(formula = mod2)

Terms:
                       X Residuals
Sum of Squares  4.808644  0.524598
Deg. of Freedom        1         7

Residual standard error: 0.2737565
Estimated effects may be unbalanced
```

从以上运行结果可以看出，$\widehat{Y} = 0.9638 - 1.1292X, SSY = SSR + SSE = 4.808644 + 0.524598 = 5.333242, R^2 = 0.9016$。

故所求的非线性回归方程为

$$\hat{y} = 2.62164x^{-1.1292}$$

运行以下脚本程序：

```
Q2 <- sum((y-exp(mod2$fitted.values))^2)
Q2
```

该脚本程序的运行结果如下：

```
> Q2 <- sum((y-exp(mod2$fitted.values))^2)
> Q2
[1] 0.7464943
```

故

$$\widetilde{R}^2 = \frac{2.6186889 - 0.7464943}{2.6186889} = \frac{1.872195}{2.6186889} = 0.714936$$

步骤 4：建立非线性回归方程 $\hat{y} = ae^{bx}$，令 $Y = \ln y$ 后，方程转化为 $\widehat{Y} = \ln a + bx$。

运行以下脚本程序：

```
mod3 <- lm(Y ~ x)
mod3
summary(mod3)
aov(mod3)
```

该脚本程序的运行结果如下：

```
> mod3 <- lm(Y ~ x)
> mod3

Call:
lm(formula = Y ~ x)

Coefficients:
(Intercept)            x
    0.9230       -0.3221

> summary(mod3)

Call:
lm(formula = Y ~ x)

Residuals:
     Min      1Q   Median       3Q      Max
-0.21433 -0.11801  0.03608  0.07781  0.18427

Coefficients:
            Estimate Std. Error t value Pr(>|t|)
(Intercept)  0.92296    0.10656   8.662 5.47e-05 ***
x           -0.32211    0.02038 -15.804 9.84e-07 ***
---
Signif. codes:  0 '***' 0.001 '**' 0.01 '*' 0.05 '.' 0.1 ' ' 1

Residual standard error: 0.1441 on 7 degrees of freedom
Multiple R-squared:  0.9727,    Adjusted R-squared:  0.9688
F-statistic: 249.8 on 1 and 7 DF,  p-value: 9.841e-07
```

```
> aov(mod3)
Call:
   aov(formula = mod3)

Terms:
                    x Residuals
Sum of Squares  5.187848  0.145394
Deg. of Freedom        1        7

Residual standard error: 0.1441201
Estimated effects may be unbalanced
```

从以上运行结果可以看出，$\widehat{Y} = 0.9230 - 0.3221x$，$SSY = SSR + SSE = 5.187848 + 0.145394 = 5.333242$，$R^2 = 0.9727$，故所求的非线性回归方程为

$$\hat{y} = 2.51683e^{-0.3221x}$$

运行以下脚本程序：

```
Q3 <- sum((y-exp(mod3$fitted.values))^2)

Q3
```

该脚本程序的运行结果如下：

```
> Q3 <- sum((y-exp(mod3$fitted.values))^2)
> Q3
[1] 0.03500881
```

故

$$\widetilde{R}^2 = \frac{2.6186889 - 0.03500881}{2.6186889} = \frac{2.58368}{2.6186889} = 0.986631$$

经过比较：$\hat{y} = ae^{bx}$ 的拟合情况较好，其次是 $\hat{y} = a + \dfrac{b}{x}$ 的拟合情况，最差的是 $\hat{y} = ax^b$ 的拟合情况（见表 8-2）。值得注意的是，按照线性化后的 $r^2$ 大小来比较方程的优劣不会总是正确的。

**表8-2**　$\hat{y} = ae^{bx}$、$\hat{y} = a + \dfrac{b}{x}$、$\hat{y} = ax^b$ 3个非线性方程的拟合情况比较

|  | 线性化 $r^2$ | 非线性回归方程剩余平方和 $Q$ | 非线性关系相关指数 $\widetilde{R}^2$ |
|---|---|---|---|
| $\hat{y} = a + \dfrac{b}{x}$ | 0.8921 | 0.2826364 | 0.8921 |
| $\hat{y} = ax^b$ | 0.9016 | 0.7464943 | 0.714936 |
| $\hat{y} = ae^{bx}$ | 0.9727 | 0.03500881 | 0.986631 |

步骤5：给散点图添加曲线。

脚本程序如下：

```
curve(0.1159+1.9291/x,ylim = c(0.23,1.85),xlim = c(1,8),add = T,col = "blue")
curve(2.62164*x^-1.1292,ylim = c(0.23,1.85),xlim = c(1,8),add = T,col =
    "black")
```

```
curve(2.51683*exp(-0.3221*x),ylim = c(0.23,1.85),xlim = c(1,8),
    add = T,col = "red")
```

当add逻辑值为真时,表示已添加到原有绘图中。

以上3个非线性方程的曲线如图8-2所示。

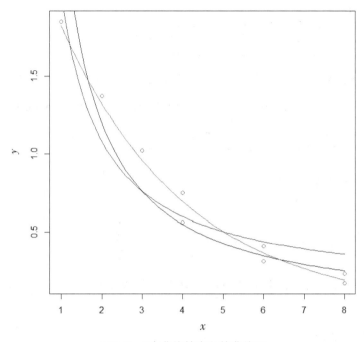

**图8-2　3个非线性方程的曲线图**

值得注意的是,如果按照非线性最小二乘法来求解 $\hat{y} = ae^{bx}$ 中的非线性回归系数 $a$ 和 $b$,则所得到的结果会有所不同。

脚本程序如下:

```
mod4 <- nls(y ~ a*exp(b*x),start = c(a = 2.51683,b = -0.3221),trace = TRUE)
mod4
```

该脚本程序的运行结果如下:

```
> mod4 <- nls(y ~ a*exp(b*x), start = c(a = 2.51683, b = -0.3221)
0.03499548  (2.86e-01): par = (2.51683 -0.3221)
0.03234734  (4.85e-03): par = (2.59573 -0.3292036)
0.03234658  (4.26e-06): par = (2.596101 -0.329129)
> mod4
Nonlinear regression model
  model: y ~ a * exp(b * x)
   data: parent.frame()
      a       b
 2.5961 -0.3291
 residual sum-of-squares: 0.03235

Number of iterations to convergence: 2
Achieved convergence tolerance: 4.255e-06
```

再运行以下脚本程序:

```
summary(mod4)
```

该脚本程序的运行结果如下：

```
> summary(mod4)

Formula: y ~ a * exp(b * x)

Parameters:
  Estimate Std. Error t value Pr(>|t|)
a  2.59610    0.11609   22.36 9.04e-08 ***
b -0.32913    0.01763  -18.67 3.14e-07 ***
---
Signif. codes:  0 '***' 0.001 '**' 0.01 '*' 0.05 '.' 0.1 ' ' 1

Residual standard error: 0.06798 on 7 degrees of freedom

Number of iterations to convergence: 2
Achieved convergence tolerance: 4.255e-06
```

所求的非线性回归方程为

$$\hat{y} = 2.5961 \mathrm{e}^{-0.32913x}$$

$$R^2 = 1 - \frac{Q}{SSy} = 1 - \frac{SSE}{SSy} = 1 - \frac{0.03235}{2.6186889} = 0.9876$$

从以上不难看出，这个新的非线性回归方程比先前的 3 个方程中拟合最好的方程的拟合效果还要好。

运行以下脚本程序：

```
lines(x,predict(mod4),col = "purple")
```

基于自变量 $x$ 和模型 4 预测值描绘的线图如图 8-3 所示。

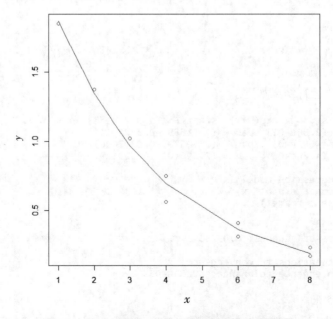

**图 8-3　基于自变量 $x$ 和模型 4 预测值描绘的线图**

运行以下脚本程序：

```
curve(2.596101*exp(-0.329129*x),ylim = c(0.23,1.85),xlim = c(1,8),
    add = T,col = "red")
```

基于非线性方程 $\hat{y} = 2.5961e^{-0.32913x}$ 绘制的曲线图如图8-4所示。

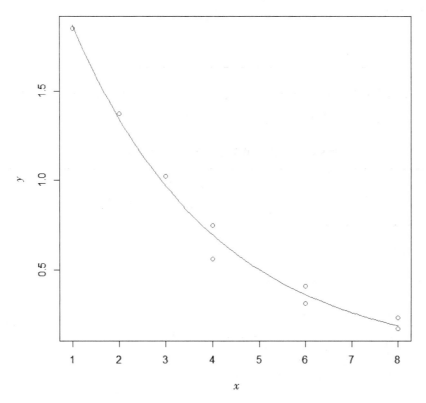

**图8-4**　基于非线性方程 $\hat{y} = 2.5961e^{-0.32913x}$ 绘制的曲线图

## 8.2　多元非线性回归

与一元非线性回归类似，在用"线性化"的方法建立多元非线性回归方程时，如果对因变量进行过非线性转换，那么回归方程的剩余平方和没有取它的最小值，也可以继续采用非线性最小二乘法重新计算非线性回归方程的回归系数。

### 8.2.1　一次回归的正交设计

【例8-2】　为了研究某作物的栽培技术，选择影响作物产量的3个主要因素（见表8-3）：水分状况（全生育期土壤湿度占田间持水量的百分比）、追施氮肥量、密度，试验指标为产量 $y$（kg/小区）。请进行一次回归正交设计并分析。

表 8-3　因素水平编码表

| 名称 | 编码 $x_j$ | 水分状况 $Z_1$（%） | 追施氮肥量 $Z_2$(kg/hm²) | 密度 $Z_3$(万株/hm²) |
|---|---|---|---|---|
| 上水平(+1) | 1 | 95 | 40 | 65 |
| 下水平(−1) | −1 | 75 | 20 | 45 |
| 零水平(0) | 0 | 85 | 30 | 55 |
| 变化区间 | $\Delta_j$ | 10 | 10 | 10 |

试验要求考查 3 个因素及两两因素间的交互作用,并且需要对失拟性进行检验。

三因素一次回归正交设计试验方案与结果如表 8-4 所示。

表 8-4　三因素一次回归正交设计试验方案与结果

| 处理号 | 试验设计 | | | 实施方案 | | | 产量 $y$（kg/小区） |
|---|---|---|---|---|---|---|---|
| | $x_1$ | $x_2$ | $x_3$ | 水分状况 $Z_1$ | 追施氮肥量 $Z_2$ | 密度 $Z_3$ | |
| 1 | 1 | 1 | 1 | 95 | 40 | 65 | 2.1 |
| 2 | 1 | 1 | −1 | 95 | 40 | 45 | 2.3 |
| 3 | 1 | −1 | 1 | 95 | 20 | 65 | 3.3 |
| 4 | 1 | −1 | −1 | 95 | 20 | 45 | 4.0 |
| 5 | −1 | 1 | 1 | 75 | 40 | 65 | 5.0 |
| 6 | −1 | 1 | −1 | 75 | 40 | 45 | 5.6 |
| 7 | −1 | −1 | 1 | 75 | 20 | 65 | 6.9 |
| 8 | −1 | −1 | −1 | 75 | 20 | 45 | 7.8 |
| 9 | 0 | 0 | 0 | 85 | 30 | 55 | 4.5 |
| 10 | 0 | 0 | 0 | 85 | 30 | 55 | 4.3 |

从表 8-4 可以看出,此处试验采用 $L_8(2^7)$ 正交设计,零水平试验点重复 2 次。将该表中后 4 列数据存储在数据文件"一次回归.csv"中。借助 rsm 包里面的 rsm() 函数可以完成一次回归正交设计的数据分析。

**数据文件
"一次回归.csv"**

运行以下脚本程序:

```
library(rsm)
ychg <- read.csv("c:/Users/ZFZ/Desktop/一次回归.csv")
CR <- coded.data(ychg,x1 ~ (shuifen-85)/10,x2 ~ (zhuidan-30)/10,
    x3 ~ (midu-55)/10)
```

```
CR.rs1 <- rsm(chanliang ~ FO(x1,x2,x3,x1*x2,x1*x3,x2*x3),data = CR)

#注意此处的 "FO" 写法, 不是 "F0", 也不是 "Fo"

summary(CR.rs1)
```

该脚本程序的运行结果如下:

```
Call:
rsm(formula = chanliang ~ FO(x1, x2, x3, x1 * x2, x1 * x3, x2 *
    x3), data = CR)

                      Estimate Std. Error  t value  Pr(>|t|)
(Intercept)           4.580000   0.059442  77.0501 4.818e-06 ***
x1                   -1.700000   0.066458 -25.5801 0.0001310 ***
x2                   -0.875000   0.066458 -13.1662 0.0009465 ***
x3                   -0.300000   0.066458  -4.5141 0.0203184 *
c("*", "x1", "x2")    0.150000   0.066458   2.2571 0.1092219
c("*", "x1", "x3")    0.075000   0.066458   1.1285 0.3411907
c("*", "x2", "x3")    0.100000   0.066458   1.5047 0.2294564
---
Signif. codes:  0 '***' 0.001 '**' 0.01 '*' 0.05 '.' 0.1 ' ' 1

Multiple R-squared: 0.9965,    Adjusted R-squared: 0.9895
F-statistic: 142.8 on 6 and 3 DF,  p-value: 0.0008981

Analysis of Variance Table

Response: chanliang
                                           Df Sum Sq Mean Sq F value    Pr(>F)
FO(x1, x2, x3, x1 * x2, x1 * x3, x2 * x3)   6 30.270  5.0450  142.78 0.0008981
Residuals                                   3  0.106  0.0353
Lack of fit                                 2  0.086  0.0430    2.15 0.4343722
Pure error                                  1  0.020  0.0200

Direction of steepest ascent (at radius 1):
           x1                 x2                     x3 c("*", "x1", "x2")
    -0.87395225        -0.44982836            -0.15422687         0.07711343
c("*", "x1", "x3") c("*", "x2", "x3")
     0.03855672         0.05140896

Corresponding increment in original units:
        shuifen            zhuidan                  midu c("*", "x1", "x2")
    -8.73952249        -4.49828364            -1.54226868         0.07711343
c("*", "x1", "x3") c("*", "x2", "x3")
     0.03855672         0.05140896
```

从以上运行结果可以看出,一次回归方程为

$$\hat{y} = 4.580 - 1.700x_1 - 0.875x_2 - 0.300x_3 + 0.150x_1x_2 + 0.075x_1x_3 + 0.100x_2x_3$$

其中,回归常数和一次项回归系数均达到极显著或显著水平,而交互作用项均不显著。

此外,从以上运行结果还可以看出,"Lack of fit"不显著,而一次回归方程极显著,说明该一次回归方程有较好的拟合效果。

如果数据不编码,直接利用原始数据,结果会如何? 将R语言脚本程序修改如下:

```
library(rsm)

ychg <- read.csv("c:/Users/ZFZ/Desktop/一次回归.csv")
```

```
CR2 <- coded.data(ychg,Z1 ~ shuifen,Z2 ~ zhuidan,Z3 ~ midu)

CR.rs2 <- rsm(chanliang ~ FO(Z1,Z2,Z3,Z1*Z2,Z1*Z3,Z2*Z3),data = CR2)

summary(CR.rs2)
```

该脚本程序的运行结果如下：

```
> CR2 <- coded.data(ychg, Z1 ~ shuifen, Z2 ~ zhuidan, Z3 ~ midu)
> CR.rs2 <- rsm(chanliang ~ FO(Z1, Z2, Z3, Z1*Z2, Z1*Z3, Z2*Z3), data = CR2)
> summary(CR.rs2)

Call:
rsm(formula = chanliang ~ FO(Z1, Z2, Z3, Z1 * Z2, Z1 * Z3, Z2 *
    Z3), data = CR2)

                   Estimate  Std. Error t value Pr(>|t|)
(Intercept)      32.28625000 3.77137478  8.5609 0.003350 **
Z1               -0.25625000 0.04216288 -6.0776 0.008943 **
Z2               -0.27000000 0.06761102 -3.9934 0.028129 *
Z3               -0.12375000 0.06027195 -2.0532 0.132357
c("*", "z1", "z2")  0.00150000 0.00066458  2.2571 0.109222
c("*", "z1", "z3")  0.00075000 0.00066458  1.1285 0.341191
c("*", "z2", "z3")  0.00100000 0.00066458  1.5047 0.229456
---
Signif. codes:  0 '***' 0.001 '**' 0.01 '*' 0.05 '.' 0.1 ' ' 1

Multiple R-squared: 0.9965,    Adjusted R-squared:  0.9895
F-statistic: 142.8 on 6 and 3 DF,  p-value: 0.0008981

Analysis of Variance Table

Response: chanliang
                                     Df Sum Sq Mean Sq F value   Pr(>F)
FO(Z1, Z2, Z3, Z1 * Z2, Z1 * Z3, Z2 * Z3)  6 30.270  5.0450 142.78 0.0008981
Residuals                             3  0.106  0.0353
Lack of fit                           2  0.086  0.0430    2.15 0.4343722
Pure error                            1  0.020  0.0200

Direction of steepest ascent (at radius 1):
            Z1              Z2               Z3 c("*", "z1", "z2")
  -0.653235910    -0.688287593    -0.315465147         0.003823820
c("*", "z1", "z3") c("*", "z2", "z3")
   0.001911910       0.002549213

Corresponding increment in original units:
        shuifen         zhuidan              midu c("*", "z1", "z2")
  -0.653235910    -0.688287593    -0.315465147         0.003823820
c("*", "z1", "z3") c("*", "z2", "z3")
   0.001911910       0.002549213
```

从以上运行结果可以写出利用原始变量表达的一次回归方程为

$$\hat{y} = 32.286 - 0.256Z_1 - 0.270Z_2 - 0.124Z_3 + 0.002Z_1Z_2 + 0.001Z_1Z_3 + 0.001Z_2Z_3$$

此外，利用下面的 R 语言程序，可以可视化呈现变量对应的响应值：

```
persp(CR.rs1,x2~x3,contours = list(z="bottom"),col = "green") #结果见图8-5

persp(CR.rs2,Z2~Z3,contours = list(z="bottom"),col = " purple")#结果见图8-6
```

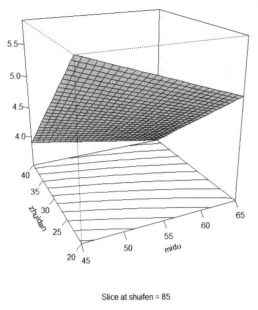

Slice at shuifen = 85

图8-5　响应面图1

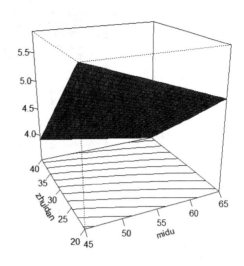

Slice at shuifen = 85

图8-6　响应面图2

可以看出图8-5和图8-6呈现的结果是一致的。

## 8.2.2　二次回归正交组合设计

【例8-3】　某食品试验,欲考察3个因素$A$、$B$、$C$,试进行一个二次回归正交组合的试验设计,并进行统计分析。

先安装rsm包(response-surface regression)。

步骤1:试验方案的设计。

脚本程序如下:

```
Z.design <- ccd(Response ~ A + B + C,n0=c(4,0),alpha = "orthogonal",
    randomize = F,inscribed = F,oneblock = T)
```

ccd()函数产生组合设计方案,组合设计又称中心组合设计(central-composite design)。

n0定义的是立方体块和星形块中的中心点数;"alpha" 定义为星号点的选择使设计具有正交性;"randomize" 用于确定是否随机化设计的逻辑值;"inscribed" 定义的是逻辑值,如果为假(FALSE),则立方体的顶点在每个变量上的取值为±1。

该脚本程序的运行结果如下:

```
> Z.design
   run.order std.order    A.as.is    B.as.is    C.as.is Response
1          1         1  -1.000000  -1.000000  -1.000000       NA
2          2         2   1.000000  -1.000000  -1.000000       NA
3          3         3  -1.000000   1.000000  -1.000000       NA
4          4         4   1.000000   1.000000  -1.000000       NA
5          5         5  -1.000000  -1.000000   1.000000       NA
6          6         6   1.000000  -1.000000   1.000000       NA
7          7         7  -1.000000   1.000000   1.000000       NA
8          8         8   1.000000   1.000000   1.000000       NA
9          9         9   0.000000   0.000000   0.000000       NA
10        10        10   0.000000   0.000000   0.000000       NA
11        11        11   0.000000   0.000000   0.000000       NA
12        12        12   0.000000   0.000000   0.000000       NA
13         1         1  -1.414214   0.000000   0.000000       NA
14         2         2   1.414214   0.000000   0.000000       NA
15         3         3   0.000000  -1.414214   0.000000       NA
16         4         4   0.000000   1.414214   0.000000       NA
17         5         5   0.000000   0.000000  -1.414214       NA
18         6         6   0.000000   0.000000   1.414214       NA

Data are stored in coded form using these coding formulas ...
A ~ A.as.is
B ~ B.as.is
C ~ C.as.is
```

或者不直接指定因素名称,利用系统默认的因素名称,也可以产生相同的组合设计,R 语言脚本程序如下:

```
Z.design <- ccd(3,n0=c(4,0),alpha = "orthogonal",randomize =
    F,inscribed = F,oneblock = T)

Z.design
```

该脚本程序的运行结果如下:

```
> Z.design
   run.order std.order    x1.as.is   x2.as.is   x3.as.is
1          1         1  -1.000000  -1.000000  -1.000000
2          2         2   1.000000  -1.000000  -1.000000
3          3         3  -1.000000   1.000000  -1.000000
4          4         4   1.000000   1.000000  -1.000000
5          5         5  -1.000000  -1.000000   1.000000
6          6         6   1.000000  -1.000000   1.000000
7          7         7  -1.000000   1.000000   1.000000
8          8         8   1.000000   1.000000   1.000000
9          9         9   0.000000   0.000000   0.000000
10        10        10   0.000000   0.000000   0.000000
11        11        11   0.000000   0.000000   0.000000
12        12        12   0.000000   0.000000   0.000000
13         1         1  -1.414214   0.000000   0.000000
14         2         2   1.414214   0.000000   0.000000
15         3         3   0.000000  -1.414214   0.000000
16         4         4   0.000000   1.414214   0.000000
17         5         5   0.000000   0.000000  -1.414214
18         6         6   0.000000   0.000000   1.414214

Data are stored in coded form using these coding formulas ...
x1 ~ x1.as.is
x2 ~ x2.as.is
x3 ~ x3.as.is
```

步骤 2:实施试验并录入结果 $y$(按照上面的编码序列顺序输入)。

脚本程序如下：

```
y <- c(-0.56,2.13,0.17,1.25,0.80,1.93,5.85,2.32,5.80,4.65,5.10,
    5.90,0.56,1.60,3.89,5.54,2.52,3.57)
Z.design$Response <- y
Z.design
```

该脚本程序的运行结果如下：

```
> Z.design$Response <- y
> Z.design
   run.order std.order   x1.as.is   x2.as.is   x3.as.is Response
1          1         1  -1.000000  -1.000000  -1.000000    -0.56
2          2         2   1.000000  -1.000000  -1.000000     2.13
3          3         3  -1.000000   1.000000  -1.000000     0.17
4          4         4   1.000000   1.000000  -1.000000     1.25
5          5         5  -1.000000  -1.000000   1.000000     0.80
6          6         6   1.000000  -1.000000   1.000000     1.93
7          7         7  -1.000000   1.000000   1.000000     5.85
8          8         8   1.000000   1.000000   1.000000     2.32
9          9         9   0.000000   0.000000   0.000000     5.80
10        10        10   0.000000   0.000000   0.000000     4.65
11        11        11   0.000000   0.000000   0.000000     5.10
12        12        12   0.000000   0.000000   0.000000     5.90
13         1         1  -1.414214   0.000000   0.000000     0.56
14         2         2   1.414214   0.000000   0.000000     1.60
15         3         3   0.000000  -1.414214   0.000000     3.89
16         4         4   0.000000   1.414214   0.000000     5.54
17         5         5   0.000000   0.000000  -1.414214     2.52
18         6         6   0.000000   0.000000   1.414214     3.57

Data are stored in coded form using these coding formulas ...
x1 ~ x1.as.is
x2 ~ x2.as.is
x3 ~ x3.as.is
```

步骤3:多项式回归分析。

脚本程序如下：

```
SO.Z <- rsm(Response~SO(x1,x2,x3),data = Z.design)
summary(SO.Z)
```

该脚本程序的运行结果如下：

```
> summary(SO.Z)

Call:
rsm(formula = Response ~ SO(x1, x2, x3), data = Z.design)

            Estimate Std. Error t value  Pr(>|t|)
(Intercept)  5.36306    0.30531 17.5661 1.127e-07 ***
x1           0.23673    0.18696  1.2662 0.2410647
x2           0.63529    0.18696  3.3979 0.0093889 **
x3           0.78291    0.18696  4.1875 0.0030480 **
x1:x2       -0.78375    0.22898 -3.4228 0.0090508 **
x1:x3       -0.77125    0.22898 -3.3682 0.0098119 **
x2:x3        0.69875    0.22898  3.0516 0.0157835 *
x1^2        -2.14208    0.22898 -9.3549 1.393e-05 ***
x2^2        -0.32458    0.22898 -1.4175 0.1940827
x3^2        -1.15958    0.22898 -5.0641 0.0009721 ***
---
Signif. codes:  0 '***' 0.001 '**' 0.01 '*' 0.05 '.' 0.1 ' ' 1
```

```
Multiple R-squared:  0.957,      Adjusted R-squared:  0.9087
F-statistic:  19.8 on 9 and 8 DF,  p-value: 0.0001515

Analysis of Variance Table

Response: Response
               Df Sum Sq Mean Sq F value    Pr(>F)
FO(x1, x2, x3)  3 12.871  4.2903  10.228  0.004111
TWI(x1, x2, x3) 3 13.579  4.5262  10.791  0.003480
PQ(x1, x2, x3)  3 48.308 16.1027  38.389 4.265e-05
Residuals       8  3.356  0.4195
Lack of fit     5  2.299  0.4598   1.305  0.440022
Pure error      3  1.057  0.3523

Stationary point of response surface:
       x1        x2        x3
-1.219827  4.811869  2.193027

Stationary point in original units:
 x1.as.is  x2.as.is  x3.as.is
-1.219827  4.811869  2.193027
```

从以上运行结果可以看出,多元二次回归方程极显著,且失拟项不显著,说明回归方程拟合较好。除 $x_1$ 和 $x_2^2$ 以外,其余各项因子都达到极显著或显著。

R 语言将方差分析和失拟检验一步到位,大大节省了分析时间,提高了分析效率。此外,借助 R 语言的可视化函数,还能实现响应值的可视化呈现(见图 8-7)。

步骤 4:响应值的可视化呈现。

脚本程序如下:

```
persp(SO.Z,x2~x3,contours = list(z="bottom"))
```

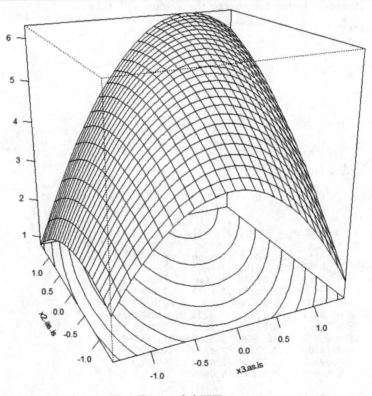

**图 8-7　响应面图 3**

步骤5:计算回归方程的极值。

脚本程序如下:

```
emmeans::emmeans(SO.Z,~x1 * x2 * x3,mode = "coded",at =
    list(x1 = -1.219827,x2 = 4.811869,x3 = 2.193027))
```

该脚本程序的运行结果如下:

```
> emmeans::emmeans(SO.Z, ~ x1 * x2 * x3, mode = "coded",at = list
(x1 = -1.219827, x2 = 4.811869, x3 = 2.193027))
    x1    x2   x3 emmean    SE df lower.CL upper.CL
 -1.22 4.81 2.19   7.61  6.04  8    -6.33     21.5

Confidence level used: 0.95
```

从以上运行结果可以看出,因变量的最大值为7.61。

二次回归正交组合设计具有试验规模小、计算简便和避免了回归系数间的相关性等优点。然而,它与一般回归分析一样,试验点在因子空间的位置不同(各因素所取水平不同),对应的各个预测值的方差也就不相同。由于误差的干扰,致使设计在各个方向上不能提供等精度的估计,因此不能对不同试验点预测值之间进行直接比较,不易寻找最优区域。为了改正这个缺点,可以开展二次回归正交旋转组合设计。

### 8.2.3 二次回归正交旋转组合设计

【例8-4】 影响茶叶出汁率的主要因素有榨汁压力$P$、加压速度$R$、物料量$W$和榨汁时间$t$。各因素对出汁率的影响不是简单的线性关系,而且各因素间存在不同程度的交互作用,故用二次回归正交旋转组合设计安排试验,以建立出汁率与各因素的回归方程。

各因素的下、上水平如下:

榨汁压力$P$(at): 5, 8;

加压速度$R$ (at/s): 1, 8;

物料量$W$(g): 100, 400;

榨汁时间$t$(min): 2, 4。

零水平重复3次,星形臂长取1.54671,对因素水平进行编码,得到编码变量,如表8-5所示。

表8-5 茶叶出汁率的因素水平编码表

| $x_j$ | $P$ | $R$ | $W$ | $t$ |
|---|---|---|---|---|
| $\gamma$ | 8 | 8 | 400 | 4 |
| 1 | 7.47 | 6.76 | 347 | 3.646 |
| 0 | 6.5 | 4.5 | 250 | 3 |
| −1 | 5.53 | 2.24 | 153 | 2.354 |
| −$\gamma$ | 5 | 1 | 100 | 2 |
| $\Delta_j$ | 0.97 | 2.26 | 96.98 | 0.65 |

此处编码的方法是将因素的上、下水平分别编码为 $\gamma$ 和 $-\gamma$，进而算出编码为 1 和 $-1$ 的实际水平。比如对于 $P$ 因素：

$$\Delta_j = \frac{8 - 6.5}{1.54671} = 0.97$$

依此类推，对于 $R$、$W$ 和 $t$ 因素的变化间隔分别为

$$\Delta_j = \frac{8 - 4.5}{1.54671} = 2.26$$

$$\Delta_j = \frac{400 - 250}{1.54671} = 96.98$$

$$\Delta_j = \frac{4 - 3}{1.54671} = 0.65$$

四因素二次回归正交设计试验设计方案及试验结果如表 8-6 所示。将表 8-6 的后 5 列数据存储在数据文件"二次回归正交.csv"中。

表 8-6　四因素二次回归正交设计试验设计方案及试验结果

| 试验号 | 试验设计 | | | | 实施方案 | | | | $y$ |
|---|---|---|---|---|---|---|---|---|---|
| | $x_1$ | $x_2$ | $x_3$ | $x_4$ | $Z_1(P)$ | $Z_2(R)$ | $Z_3(W)$ | $Z_4(t)$ | |
| 1 | 1 | 1 | 1 | 1 | 7.47 | 6.76 | 347 | 3.646 | 43.26 |
| 2 | 1 | 1 | 1 | $-1$ | 7.47 | 6.76 | 347 | 2.354 | 39.60 |
| 3 | 1 | 1 | $-1$ | 1 | 7.47 | 6.76 | 153 | 3.646 | 48.73 |
| 4 | 1 | 1 | $-1$ | $-1$ | 7.47 | 6.76 | 153 | 2.354 | 48.73 |
| 5 | 1 | $-1$ | 1 | 1 | 7.47 | 2.24 | 347 | 3.646 | 47.26 |
| 6 | 1 | $-1$ | 1 | $-1$ | 7.47 | 2.24 | 347 | 2.354 | 42.97 |
| 7 | 1 | $-1$ | $-1$ | 1 | 7.47 | 2.24 | 153 | 3.646 | 50.73 |
| 8 | 1 | $-1$ | $-1$ | $-1$ | 7.47 | 2.24 | 153 | 2.354 | 45.33 |
| 9 | $-1$ | 1 | 1 | 1 | 5.53 | 6.76 | 347 | 3.646 | 41.86 |
| 10 | $-1$ | 1 | 1 | $-1$ | 5.53 | 6.76 | 347 | 2.354 | 40.11 |
| 11 | $-1$ | 1 | $-1$ | 1 | 5.53 | 6.76 | 153 | 3.646 | 49.40 |
| 12 | $-1$ | 1 | $-1$ | $-1$ | 5.53 | 6.76 | 153 | 2.354 | 45.73 |
| 13 | $-1$ | $-1$ | 1 | 1 | 5.53 | 2.24 | 347 | 3.646 | 45.83 |
| 14 | $-1$ | $-1$ | 1 | $-1$ | 5.53 | 2.24 | 347 | 2.354 | 40.06 |
| 15 | $-1$ | $-1$ | $-1$ | 1 | 5.53 | 2.24 | 153 | 3.646 | 46.40 |
| 16 | $-1$ | $-1$ | $-1$ | $-1$ | 5.53 | 2.24 | 153 | 2.354 | 45.13 |
| 17 | 1.547 | 0 | 0 | 0 | 8 | 4.5 | 250 | 3 | 48.72 |
| 18 | $-1.547$ | 0 | 0 | 0 | 5 | 4.5 | 250 | 3 | 45.48 |

续表

| 试验号 | 试验设计 | | | | 实施方案 | | | | $y$ |
|---|---|---|---|---|---|---|---|---|---|
| | $x_1$ | $x_2$ | $x_3$ | $x_4$ | $Z_1(P)$ | $Z_2(R)$ | $Z_3(W)$ | $Z_4(t)$ | |
| 19 | 0 | 1.547 | 0 | 0 | 6.5 | 8 | 250 | 3 | 46.24 |
| 20 | 0 | −1.547 | 0 | 0 | 6.5 | 1 | 250 | 3 | 47.52 |
| 21 | 0 | 0 | 1.547 | 0 | 6.5 | 4.5 | 400 | 3 | 42.53 |
| 22 | 0 | 0 | −1.547 | 0 | 6.5 | 4.5 | 100 | 3 | 43.20 |
| 23 | 0 | 0 | 0 | 1.547 | 6.5 | 4.5 | 250 | 4 | 49.28 |
| 24 | 0 | 0 | 0 | −1.547 | 6.5 | 4.5 | 250 | 2 | 45.92 |
| 25 | 0 | 0 | 0 | 0 | 6.5 | 4.5 | 250 | 3 | 48.08 |
| 26 | 0 | 0 | 0 | 0 | 6.5 | 4.5 | 250 | 3 | 48.94 |
| 27 | 0 | 0 | 0 | 0 | 6.5 | 4.5 | 250 | 3 | 48.06 |

**数据文件**
**"二次回归正交.csv"**

脚本程序如下：

```
library(rsm)
ercihuigui <- read.csv("C://Users/ZFZ/Desktop/二次回归正交.csv")
echg <- coded.data(ercihuigui,x1 ~ (P-6.5)/0.97,x2 ~ (R-4.5)/2.26,
    x3 ~ (W - 250)/97,x4 ~ (T - 3)/0.646)
ccd <- rsm(Y ~ SO(x1,x2,x3,x4),data = echg)
summary(ccd)
```

该脚本程序的运行结果如下：

```
Call:
rsm(formula = Y ~ SO(x1, x2, x3, x4), data = echg)

              Estimate Std. Error t value  Pr(>|t|)
(Intercept) 48.172951   0.780818 61.6955 < 2.2e-16 ***
x1           0.822816   0.346524  2.3745 0.0351135 *
x2          -0.397768   0.346406 -1.1483 0.2732319
x3          -1.937485   0.346524 -5.5912 0.0001178 ***
x4           1.491460   0.346441  4.3051 0.0010227 **
x1:x2       -0.353125   0.394933 -0.8941 0.3888292
x1:x3       -0.101875   0.394933 -0.2580 0.8008123
x1:x4        0.055625   0.394933  0.1408 0.8903278
x2:x3       -1.018125   0.394933 -2.5780 0.0241881 *
x2:x4       -0.478125   0.394933 -1.2106 0.2493359
x3:x4        0.320625   0.394933  0.8118 0.4326894
x1^2        -0.375521   0.467060 -0.8040 0.4370291
x2^2        -0.466359   0.466126 -1.0005 0.3368176
```

```
x3^2          -2.146504    0.467060 -4.5958 0.0006154 ***
x4^2          -0.166240    0.466407 -0.3564 0.7277095
---
Signif. codes:  0 '***' 0.001 '**' 0.01 '*' 0.05 '.' 0.1 ' ' 1

Multiple R-squared:  0.8815,     Adjusted R-squared:  0.7433
F-statistic: 6.378 on 14 and 12 DF,  p-value: 0.001349

Analysis of Variance Table

Response: Y
                  Df  Sum Sq  Mean Sq F value     Pr(>F)
FO(x1, x2, x3, x4)  4 141.628   35.407 14.1880  0.0001683
TWI(x1, x2, x3, x4) 6  24.098    4.016  1.6094  0.2272256
PQ(x1, x2, x3, x4)  4  57.118   14.279  5.7219  0.0081743
Residuals          12  29.947    2.496
Lack of fit        10  29.442    2.944 11.6648  0.0814892
Pure error          2   0.505    0.252

Stationary point of response surface:
       x1        x2        x3        x4
-1.636147  5.517767 -2.154262 -5.800188

Stationary point in original units:
         P          R          W          T
 4.9129377 16.9701539 41.0365678 -0.7469217

Eigenanalysis:
eigen() decomposition
$values
[1]  0.07171937 -0.33853618 -0.59031293 -2.29749386
```

从以上运行结果可以看出,二次多元回归方程极显著($p=0.001349<0.01$),且失拟项不显著($p=0.0814892>0.05$),说明回归方程具有较好的预测和控制意义。

去掉不显著的变量后,回归方程的方差分析的程序如下:

```
ccd2 <- rsm(Y ~ FO(x1,x3,x4,x2*x3,x2*x4,x3*x3),data = echg)

summary(ccd2)
```

该程序的运行结果如下:

```
> ccd2 <- rsm(Y ~ FO(x1,x3,x4,x2*x3,x2*x4,x3*x3), data = echg)
> summary(ccd2)

Call:
rsm(formula = Y ~ FO(x1, x3, x4, x2 * x3, x2 * x4, x3 * x3),
    data = echg)

                 Estimate Std. Error  t value  Pr(>|t|)
(Intercept)      47.39645    0.42940 110.3781 < 2.2e-16 ***
x1                0.82282    0.31604   2.6035 0.0169962 *
x3               -1.93749    0.31604  -6.1306 5.445e-06 ***
x4                1.49146    0.31596   4.7204 0.0001311 ***
c("*", "x2", "x3") -1.01812    0.36019  -2.8267 0.0104234 *
c("*", "x2", "x4") -0.47812    0.36019  -1.3274 0.1993195
c("*", "x3", "x3") -2.14622    0.42597  -5.0384 6.292e-05 ***
---
Signif. codes:  0 '***' 0.001 '**' 0.01 '*' 0.05 '.' 0.1 ' ' 1

Multiple R-squared:  0.8358,     Adjusted R-squared:  0.7865
F-statistic: 16.96 on 6 and 20 DF,  p-value: 6.818e-07

Analysis of Variance Table
```

```
Response: Y
                                        Df  Sum Sq Mean Sq F value
FO(x1, x3, x4, x2 * x3, x2 * x4, x3 * x3)  6 211.275  35.213 16.9637
Residuals                               20  41.515   2.076
Lack of fit                             16  37.563   2.348  2.3759
Pure error                               4   3.952   0.988
                                           Pr(>F)
FO(x1, x3, x4, x2 * x3, x2 * x4, x3 * x3) 6.818e-07
Residuals
Lack of fit                                0.2087
Pure error

Direction of steepest ascent (at radius 1):
               x1               x3                  x4
        0.2324790        -0.5474180           0.4213980
c("*", "x2", "x3") c("*", "x2", "x4") c("*", "x3", "x3")
       -0.2876616        -0.1350897          -0.6063929

Corresponding increment in original units:
               P               W                   T
        0.2255046       -53.0995484           0.2722231
c("*", "x2", "x3") c("*", "x2", "x4") c("*", "x3", "x3")
       -0.2876616        -0.1350897          -0.6063929
```

从以上运行结果可以看出，二次回归方程为

$$\hat{y} = 47.396 + 0.823x_1 - 1.937x_3 + 1.491x_4 - 1.018x_2x_3 - 0.478x_2x_4 - 2.146x_3^2$$

值得注意的是，当变量标准化后，去掉不显著的变量，回归方程变量的系数没有变化，但是回归常数有变化。

若用原始值，R语言脚本程序如下：

```
ccd3 <- rsm(Y ~ FO(P,W,T,R*W,R*T,W*W),data = ercihuigui)

summary(ccd3)
```

该脚本程序的运行结果如下：

```
> ccd3 <- rsm(Y ~ FO(P,W,T,R*W,R*T,W*W), data = ercihuigui)
> summary(ccd3)

Call:
rsm(formula = Y ~ FO(P, W, T, R * W, R * T, W * W), data = ercihuigui)

                   Estimate  Std. Error t value  Pr(>|t|)
(Intercept)      2.5694e+01  4.0177e+00  6.3951 3.073e-06 ***
P                8.4826e-01  3.5448e-01  2.3930 0.0266386 *
W                1.0686e-01  2.5865e-02  4.1315 0.0005173 ***
T                1.5860e+00  8.1015e-01  1.9577 0.0643653 .
c("*", "R", "W") -2.8403e-03  1.5694e-03 -1.8098 0.0853866 .
c("*", "R", "T")  1.6061e-01  1.3575e-01  1.1831 0.2506369
c("*", "W", "W") -2.2810e-04  4.9256e-05 -4.6310 0.0001613 ***
---
Signif. codes:  0 '***' 0.001 '**' 0.01 '*' 0.05 '.' 0.1 ' ' 1

Multiple R-squared:  0.8056,    Adjusted R-squared:  0.7473
F-statistic: 13.81 on 6 and 20 DF,  p-value: 3.449e-06

Analysis of Variance Table

Response: Y
                          Df  Sum Sq Mean Sq F value  Pr(>F)
FO(P, W, T, R * W, R * T, W * W)  6 203.648  33.941  13.814 3.449e-06
Residuals                 20  49.142   2.457
Lack of fit               18  48.637   2.702  10.706  0.08874
Pure error                 2   0.505   0.252
```

```
Direction of steepest ascent (at radius 1):
                 P               W                    T c("*", "R", "W")
      0.4689295090    0.0590723953       0.8767725958     -0.0015701236
c("*", "R", "T") c("*", "W", "W")
      0.0887857069      -0.0001260974

Corresponding increment in original units:
                 P               W                    T c("*", "R", "W")
      0.4689295090    0.0590723953       0.8767725958     -0.0015701236
c("*", "R", "T") c("*", "W", "W")
      0.0887857069      -0.0001260974
```

可以看出利用原始值所得的二次多元回归方程为

$$\hat{y} = 25.694 + 0.848P + 0.107W + 1.586T - 0.003RW + 0.161RT - 0.0002W^2$$

若 R 语言脚本程序修改如下：

```
ccd3 <- lm(Y ~ P+W+T+R:W+R:T+I(W^2),data = ercihuigui)
summary(ccd3)
```

那么 R 语言的运行结果变为：

```
> ccd3 <- lm(Y ~ P+W+T+R:W+R:T+I(W^2), data = ercihuigui)
> summary(ccd3)

Call:
lm(formula = Y ~ P + W + T + R:W + R:T + I(W^2), data = ercihuigui)

Residuals:
    Min      1Q  Median      3Q     Max
-2.3114 -1.1142  0.0512  0.8885  3.2620

Coefficients:
              Estimate Std. Error t value Pr(>|t|)
(Intercept) 2.569e+01  4.018e+00   6.395 3.07e-06 ***
P           8.483e+00  3.545e+00   2.393 0.026639 *
W           1.069e-01  2.586e-02   4.131 0.000517 ***
T           1.586e+00  8.101e-01   1.958 0.064365 .
I(W^2)     -2.281e-04  4.926e-05  -4.631 0.000161 ***
W:R        -2.840e-03  1.569e-03  -1.810 0.085387 .
T:R         1.606e-01  1.357e-01   1.183 0.250637
---
Signif. codes:  0 '***' 0.001 '**' 0.01 '*' 0.05 '.' 0.1 ' ' 1

Residual standard error: 1.568 on 20 degrees of freedom
Multiple R-squared:  0.8056,     Adjusted R-squared:  0.7473
F-statistic: 13.81 on 6 and 20 DF,  p-value: 3.449e-06
```

容易发现结果与前面是一致的。

【例8-5】 用木瓜蛋白酶酶解虾蛋白,试应用三元二次回归正交旋转组合试验设计法研究酶用量、温度、底物浓度三因素对酸溶性肽得率影响的方程式(见表8-7和表8-8)。

酶用量($Z_1$:U/g):6000,3600;

温度($Z_2$:℃):65,55;

底物浓度($Z_3$:%):5,3。

表 8-7　二次回归正交旋转组合试验设计因素编码表

| 规范变量 | 酶用量 | 温度 | 底物浓度 |
|---|---|---|---|
| $\gamma$ | 6000 | 65 | 5 |
| 1 | 5513 | 63 | 4.6 |
| 0 | 4800 | 60 | 4 |
| −1 | 4087 | 57 | 3.4 |
| −$\gamma$ | 3600 | 55 | 3 |
| $\Delta_j$ | 713 | 3 | 0.6 |

表 8-8　三因素二次回归正交旋转组合设计与试验结果

| 试验号 | $Z_1$ | $Z_2$ | $Z_3$ | $Z_1'$ | $Z_2'$ | $Z_3'$ | $y$ |
|---|---|---|---|---|---|---|---|
| 1 | 1 | 1 | 1 | 0.317 | 0.317 | 0.317 | 29.43 |
| 2 | 1 | 1 | −1 | 0.317 | 0.317 | 0.317 | 30.01 |
| 3 | 1 | −1 | 1 | 0.317 | 0.317 | 0.317 | 32.38 |
| 4 | 1 | −1 | −1 | 0.317 | 0.317 | 0.317 | 31.09 |
| 5 | −1 | 1 | 1 | 0.317 | 0.317 | 0.317 | 30.45 |
| 6 | −1 | 1 | −1 | 0.317 | 0.317 | 0.317 | 29.7 |
| 7 | −1 | −1 | 1 | 0.317 | 0.317 | 0.317 | 30.75 |
| 8 | −1 | −1 | −1 | 0.317 | 0.317 | 0.317 | 30.1 |
| 9 | 1.682 | 0 | 0 | 2.146 | −0.683 | −0.683 | 39.47 |
| 10 | −1.682 | 0 | 0 | 2.146 | −0.683 | −0.683 | 30.9 |
| 11 | 0 | 1.682 | 0 | −0.683 | 2.146 | −0.683 | 32.4 |
| 12 | 0 | −1.682 | 0 | −0.683 | 2.146 | −0.683 | 30.47 |
| 13 | 0 | 0 | 1.682 | −0.683 | −0.683 | 2.146 | 30.1 |
| 14 | 0 | 0 | −1.682 | −0.683 | −0.683 | 2.146 | 30.4 |
| 15 | 0 | 0 | 0 | −0.683 | −0.683 | −0.683 | 36.95 |
| 16 | 0 | 0 | 0 | −0.683 | −0.683 | −0.683 | 31.09 |
| 17 | 0 | 0 | 0 | −0.683 | −0.683 | −0.683 | 34.3 |
| 18 | 0 | 0 | 0 | −0.683 | −0.683 | −0.683 | 36.3 |
| 19 | 0 | 0 | 0 | −0.683 | −0.683 | −0.683 | 34.6 |
| 20 | 0 | 0 | 0 | −0.683 | −0.683 | −0.683 | 34.7 |

此处采用的 R 语言脚本程序如下：

```
ccd.design <- ccd(3,n0=c(3,3),alpha = "rotatable",randomize = F,
    inscribed = F,oneblock = T)
```

```
y <- c(30.1,31.09,29.7,30.01,30.75,32.38,30.45,29.43,36.95,
    31.09,34.3,39.47,30.9,32.4,30.47,30.1,30.4,36.3,34.6,34.7)
```

此处注意脚本程序中数值输入的顺序：

```
ccd.design$y <- y
SO.ccd <- rsm(y ~ SO(x1,x2,x3),data = ccd.design)
summary(SO.ccd)
```

该脚本程序的运行结果如下：

```
Call:
rsm(formula = y ~ SO(x1, x2, x3), data = ccd.design)

            Estimate Std. Error t value Pr(>|t|)
(Intercept) 34.71019    0.96436 35.9931 6.51e-12 ***
x1          -0.91551    0.63983 -1.4309  0.18297
x2          -0.58402    0.63983 -0.9128  0.38284
x3           0.19145    0.63983  0.2992  0.77090
x1:x2       -0.41625    0.83598 -0.4979  0.62931
x1:x3       -0.08625    0.83598 -0.1032  0.91987
x2:x3       -0.22125    0.83598 -0.2647  0.79665
x1^2        -0.16302    0.62286 -0.2617  0.79884
x2^2        -1.48884    0.62286 -2.3904  0.03794 *
x3^2        -1.90780    0.62286 -3.0630  0.01198 *
---
Signif. codes:  0 '***' 0.001 '**' 0.01 '*' 0.05 '.' 0.1 ' ' 1

Multiple R-squared:  0.6314,    Adjusted R-squared:  0.2997
F-statistic: 1.903 on 9 and 10 DF,  p-value: 0.1651

Analysis of Variance Table

Response: y
               Df Sum Sq Mean Sq F value  Pr(>F)
FO(x1, x2, x3)  3 16.605  5.5351  0.9900 0.43639
TWI(x1, x2, x3) 3  1.837  0.6124  0.1095 0.95257
PQ(x1, x2, x3)  3 77.332 25.7772  4.6106 0.02837
Residuals      10 55.908  5.5908
Lack of fit     5 35.095  7.0190  1.6862 0.29017
Pure error      5 20.813  4.1627

Stationary point of response surface:
        x1         x2         x3
-3.1354080  0.2341808  0.1074695

Stationary point in original units:
  x1.as.is   x2.as.is   x3.as.is
-3.1354080  0.2341808  0.1074695

Eigenanalysis:
eigen() decomposition
$values
[1] -0.1307361 -1.4887397 -1.9401892

$vectors
            [,1]        [,2]        [,3]
x1   0.98853258 -0.1410353  0.05396657
x2  -0.15029711 -0.9535361  0.26111236
x3  -0.01463301  0.2662291  0.96379871
```

不难看出，此处建立的多元二次回归方程显著性检验的结果是不显著的($p=0.1651$)。除了$x_2^2$和$x_3^2$达到显著性以外，其他一次项、交互项和平方项均未通过检验。这些结果表明

该多元二次回归方程拟合情况较差。尽管如此,此处仍然可以开展响应值的可视化呈现(见图8-8)。采用的R语言脚本程序如下:

```
persp(SO.ccd,x2 ~ x3,contours = list(z="bottom"),col = "red")
```

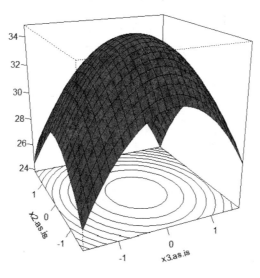

Slice at x1.as.is = 0

**图8-8　响应面图4**

### 习题8-1

来航鸡胚的日龄(d)与胚重(g)的观测值如下:

| 日龄/d | 5 | 7 | 9 | 11 | 13 | 15 | 17 | 19 |
|---|---|---|---|---|---|---|---|---|
| 胚重/g | 0.25 | 0.846 | 1.656 | 3.1 | 6.518 | 9.948 | 15.610 | 23.736 |

(1)试建立回归方程:

$$\hat{y} = a + bx, \hat{y} = a + \frac{b}{x};$$
$$\hat{y} = ax^{-b}, \hat{y} = ae^{bx};$$
$$\hat{y} = \frac{k}{1 + ae^{-bx}}$$

(2)比较这些回归方程,试问哪一个回归方程拟合的效果最好? 为什么?

### 习题8-2

以下面文献中的数据为例,试利用R语言进行分析,并进行比较。

章凯,黄国林,黄小兰,张高飞.响应面法优化微波辅助萃取柠檬皮中果胶的研究,精细化工,2010,27(1):52-56.

[该文在单因素试验的基础上,采用中心组合设计(CCD)]

因素与水平编码如下表所示。

| 因素 | 水平 | | | | |
|---|---|---|---|---|---|
| | −1.682 | −1 | 0 | 1 | 1.682 |
| 温度/℃ | 58.18 | 65 | 75 | 85 | 91.82 |
| 时间/min | 4.64 | 6 | 8 | 10 | 11.36 |
| 溶剂量/mL | 11.59 | 15 | 20 | 25 | 28.41 |

试验实施及结果如下表所示。

| 编号 | 水平 | | | 响应值/（%） |
|---|---|---|---|---|
| | 温度（$x_1$） | 时间（$x_2$） | 溶剂量（$x_3$） | |
| 1 | −1 | −1 | 1 | 16.45 |
| 2 | 0 | 0 | 0 | 21.39 |
| 3 | −1 | 1 | 1 | 18.79 |
| 4 | 0 | 1.682 | 0 | 21.55 |
| 5 | 1 | 1 | −1 | 22.32 |
| 6 | 0 | 0 | 0 | 21.93 |
| 7 | −1.682 | 0 | 0 | 15.37 |
| 8 | 0 | 0 | 1.682 | 21.17 |
| 9 | 0 | 0 | −1.682 | 16.88 |
| 10 | 1.682 | 0 | 0 | 24.54 |
| 11 | 1 | −1 | −1 | 22.04 |
| 12 | −1 | 1 | −1 | 16.58 |
| 13 | 0 | −1.682 | 0 | 17.85 |
| 14 | 1 | −1 | 1 | 22.32 |
| 15 | 0 | 0 | 0 | 22.43 |
| 16 | 1 | 1 | 1 | 24.45 |
| 17 | −1 | −1 | −1 | 15.48 |
| 18 | 0 | 0 | 0 | 21.65 |
| 19 | 0 | 0 | 0 | 21.86 |
| 20 | 0 | 0 | 0 | 21.95 |

习题 8-1
参考答案

习题 8-2
数据 .csv

习题 8-2
参考答案

# 第9章
# 多元聚类分析

R语言在多元聚类中有广泛的应用,使用R语言进行多元聚类分析时,可以使用一些常见的聚类算法,如$k$均值聚类和层次聚类。通过调用相应的函数和包,可以对数据进行聚类分析。例如,kmeans()函数进行$k$均值聚类分析时,是将数据集分成$k$个不同的群集,并将每个样本分配到最接近的群集中。hclust()函数进行层次聚类分析时,是通过计算样本之间的距离或相似性,并将样本逐步合并到更大的群集中,构建出一个层次聚类树状图。然后,可以通过调用rect.hclust()函数,将树状图剪枝为$k$个聚类,并将样本分配到不同的群集中。此外,在多元聚类过程中,R语言还提供了多种绘图函数,如heatmap()和plot()等,可以将聚类结果可视化,帮助我们理解群集间的差异和关系。

## 9.1 聚类原理和方法

### 1. 概述

聚类分析是统计学中研究"物以类聚"问题的多元统计分析方法。

聚类分析是一种建立分类的多元统计分析方法,它能够将一批样本(或变量)数据根据其诸多特征,按照在性质上的亲疏程度(各变量取值上的总体差异程度)与在没有先验知识(没有事先指定的分类标准)的情况下进行自动分类,产生多个分类结果。类内部的个体在特征上具有相似性,不同类间个体特征的差异性较大。

例如,学校里有些同学的关系比较密切,而他们与另一些同学的关系比较疏远。究其原因,经常在一起的同学的家庭情况、性格、学习成绩、课余爱好等方面有许多共同之处,而关系比较疏远的同学在这些方面有较大的差异。为了研究家庭情况、性格、学习成绩、课余爱好等是否会成为划分学生小群体的主要决定因素,可以从这些方面的数据进行客观分组,然后比较所得的分组是否与实际的分组相吻合。对学生的客观分组就可采用聚类分析方法。

【例9-1】 表9-1是同一批客户对经常光顾的5家商场在购物环境和服务质量两方面的平均得分,现希望根据这批数据将5家商场进行分类。

表 9-1　5 家商场的购物环境和服务质量评分

| 编号 | 购物环境 | 服务质量 |
|---|---|---|
| A 商场 | 73 | 68 |
| B 商场 | 66 | 64 |
| C 商场 | 84 | 82 |
| D 商场 | 91 | 88 |
| E 商场 | 94 | 90 |

聚类分析中,个体之间的"亲疏程度"是极为重要的,它将直接影响最终的聚类结果。对"亲疏程度"的测度一般有两个角度:第一,个体间的相似程度;第二,个体间的差异程度。衡量个体间的相似程度通常可采用简单相关系数等,衡量个体间的差异程度通常通过某种距离来测度。

为定义个体间的距离,应先将每个样本数据看成 $k$ 维空间的一个点,通常点与点之间的距离越小,意味着它们越"亲密",越有可能聚成一类,点与点之间的距离越大,意味着它们越"疏远",越有可能属于不同的类。

### 2. 聚类分析中"亲疏程度"的度量方法

定距型变量个体间距离的计算方式(以 A 商场和 B 商场为例)有以下几种。

（1）欧氏距离（Euclidean distance）

$$=\sqrt{\sum_{i=1}^{k}(x_i-y_i)^2}=\sqrt{(73-66)^2+(68-64)^2}=8.062$$

（2）平方欧氏距离（squared Euclidean distance）

$$=\sum_{i=1}^{k}(x_i-y_i)^2=(73-66)^2+(68-64)^2=65$$

（3）切比雪夫（Chebychev）距离

$$=\max|x_i-y_i|=\max(|73-66|,|68-64|)=7$$

（4）Block 距离

$$=\sum_{i=1}^{k}|x_i-y_i|=|73-66|+|68-64|=11$$

计数变量个体间距离的计算方式有以下两种。

（1）卡方(Chi-square measure)距离;

（2）Phi方(Phi-square measure)距离。

二值(binary)变量个体间距离的计算方式有以下两种。

（1）简单匹配(simple matching)系数;

（2）雅科比（Jaccard）系数。

关于聚类分析中的"亲疏"度量需要强调的是：①所选择的变量应符合聚类的要求，即所选变量应能够从不同的侧面反映我们研究的目的。②各变量的值不应有数量级上的差异（对数据进行标准化处理），即聚类分析是以各种距离来度量个体间的"亲疏"程度的，从上述各种距离的定义看，数量级将对距离产生较大的影响，并影响最终的聚类结果（见表9-2和表9-3）。③各变量间不应有较强的线性相关关系。

表 9-2　两个学校的有数量级差异的办学数据

| 学校 | 科研人数 | 投入经费/元 | 立项课题数 |
|------|----------|-------------|------------|
| 1 | 410 | 4380000 | 19 |
| 2 | 336 | 1730000 | 21 |

表 9-3　两个学校样本的欧氏距离

| 样本欧氏距离 | |
|--------------|--------------|
| 投入经费量纲为元 | 投入经费量纲为万元 |
| 265000 | 81623 |

### 3. 层次聚类

层次聚类又称系统聚类。简单来讲，层次聚类是指聚类过程按照一定层次进行的。层次聚类有两种类型，即Q型聚类和R型聚类。层次聚类的聚类方式也有两种，即凝聚方式聚类和分解方式聚类。

Q型聚类：对样本进行聚类，是一种基于变量间相似性的聚类分析方法，通常用于分析观测对象（个体）在多个变量上的相似性，进而将它们分成不同的群体或类别。在这种类型中，Q代表的是"quantitative"，即定量型。

R型聚类：对变量进行聚类，使具有相似性的变量聚集在一起，而差异性大的变量分离开来，可在相似变量中选择少数具有代表性的变量参与其他分析，达到减少变量个数、降维变量的目的。在这种类型中，R代表的是"relational"，即关系型。这种聚类是基于观测对象（个体）之间的相似性来进行分析的，适用于分类变量或特征的聚类分析。相对于Q型聚类，R型聚类更关注个体之间的关系和相互作用，而不是直接基于变量之间的相似性。

凝聚方式聚类的过程：首先将每个个体自成一类；然后按照某种方法度量所有个体间的亲疏程度，并将其中最"亲密"的个体聚成一小类，形成$n-1$个类；其次度量剩余个体和小类间的亲疏程度，并将当前最亲密的个体或小类聚成一类。重复上述过程，直到所有个体聚成一个大类为止。这种聚类方式对$n$个个体通过$n-1$步可凝聚成一大类。

分解方式聚类的过程是：首先将所有个体都归属于一大类；然后按照某种方法度量所有

个体间的亲疏程度,并将大类中彼此间最"疏远"的个体分离出去,形成两类;其次度量类中剩余个体间的亲疏程度,并将最疏远的个体分离出去。重复上述过程,不断进行类分解,直到所有个体自成一类为止。这种聚类方式对包含 $n$ 个个体的大类可通过 $n-1$ 步分解成 $n$ 个个体。

## 9.2 聚类分析关键问题

聚类分析的关键问题是聚为多少类合适。

在 SAS 系统中,CLUSTER 过程专门用于系统聚类的实现。CLUSTER 过程提供了 11 种不同的方法进行系统聚类分析,并且同时可对原始或距离数据进行聚类分析。如果为原始数据,将先计算其欧氏距离,然后进行聚类分析。

值得注意的是,CLUSTER 过程对于大样本数据的聚类问题表现不是很好,数据计算的速度较慢,而 FASTCLUS 过程是 SAS 系统中专门用于快速聚类的过程,可用于大样本观测的快速聚类。此外,在 SAS 系统内实现变量聚类(R 型聚类)的过程为 VARCLUS。

【例 9-2】 对 8 个双指标样本分别观测了 2 个同量纲的指标 $x_1$ 和 $x_2$,得到的观测值如表 9-4 所示,试用最短距离法进行系统聚类。

表 9-4　8 个双指标样本的观测值

| $i$ | 1 | 2 | 3 | 4 | 5 | 6 | 7 | 8 |
|---|---|---|---|---|---|---|---|---|
| $x_{1i}$ | 2 | 2 | 4 | 4 | -4 | -2 | -3 | -1 |
| $x_{2i}$ | 5 | 3 | 4 | 3 | 3 | 2 | 2 | -3 |

这里先看看基于 SAS Studio 软件是如何完成距离分析的,以期得到关于聚类分析的关键问题的一些启示。

进入 SAS Studio,在程序代码窗口输入以下程序:

```
Data ex;input x1 x2 @@;
Cards;
2 5 2 3 4 4 4 3 -4 3 -2 2 -3 2 -1 -3
;
Proc plot hpercent=60 vpercent=50;
plot x2*x1/vref=0 href=0;
/*如果是多变量,就不需要作散点图了*/
Proc cluster data=ex noeigen rsquare out=tree method=single;
/*noeigen是抑制输出协方差矩阵的特征值,而single是指定选用的最短距离法*/
Proc tree;
```

```
Run;
```

基于SAS Studio完成的双指标样本的散点图如图9-1所示。

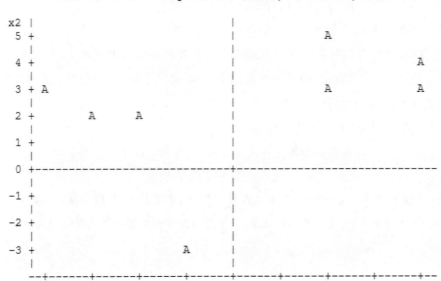

**图9-1　基于SAS Studio完成的双指标样本的散点图**

基于SAS Studio完成的聚类分析过程如图9-2所示。

### CLUSTER 过程
### 最短距离聚类分析

| 根均方总样本标准差 | 2.795085 |
| --- | --- |

| 观测之间的平均距离 | 5.035943 |
| --- | --- |

| 聚类历史 | | | | | | |
| --- | --- | --- | --- | --- | --- | --- |
| 聚类数 | 连接聚类 | | 频数 | 半偏 $R^2$ | $R^2$ | Norm Minimum Distance | 结值 |
| 7 | OB3 | OB4 | 2 | 0.0046 | .995 | 0.1986 | T |
| 6 | OB6 | OB7 | 2 | 0.0046 | .991 | 0.1986 | |
| 5 | OB5 | CL6 | 3 | 0.0198 | .971 | 0.2808 | |
| 4 | OB1 | OB2 | 2 | 0.0183 | .953 | 0.3971 | T |
| 3 | CL4 | CL7 | 4 | 0.0389 | .914 | 0.3971 | |
| 2 | CL3 | CL5 | 7 | 0.5957 | .318 | 0.8187 | |
| 1 | CL2 | OB8 | 8 | 0.3182 | .000 | 1.0125 | |

**图9-2　基于SAS Studio完成的聚类分析过程**

图9-2中的"$R^2$"为小于1的数值(注意此处小数点前面的0没有写出来),且"$R^2$"由下

面的公式计算：

$$R^2 = \frac{P_G}{T}$$

其中：$T$是总离均差平方和（包括类内部和类间）；

$P_G$是当前水平上的各类内离均差平方和。

$P_G/T$越小，各类内离均差平方和在总离均差平方和中所占比例越小，$R^2$就越小，聚类效果就越差。从图9-2可以看出，随着聚类数的下降，$R^2$也在下降，但是聚类数是从3下降到2，而$R^2$下降较大，故可以考虑分为三类。

图9-2中的"半偏$R^2$"的计算公式如下：

$$半偏R^2 = \frac{合并后的类内离均差平方和 - 合并前的类内离均差平方和}{总离均差平方和}$$

因此，半偏$R^2$越大，说明上一次合并效果越好，可以看出聚类数为3是最好的。因此本例中8个样本共聚为3类，第1类为样本8，第2类为7、6和5，第3类为样本1~4（见图9-3和图9-4）。

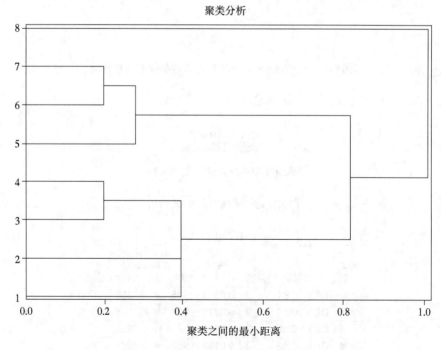

**图9-3　例9-2中8个样本的聚类树状图**

mclust包中的Mclust()函数根据分层聚类初始化EM的BIC（贝叶斯信息准则）来选择最优模型。这里利用R语言自带数据集iris来说明R语言是如何处理聚类分析关键问题和可视化聚类分析的，脚本程序如下：

```
mydata <- iris[,1:4]
```

```
mydata <- na.omit(mydata)                    #删除缺失值

mydata <- scale(mydata)                      #数据标准化

library(mclust)

m_clust <- Mclust(as.matrix(mydata),G=1:10)  #聚类数目从1一直试到10

plot(m_clust)                                #或plot(m_clust,"BIC")
```

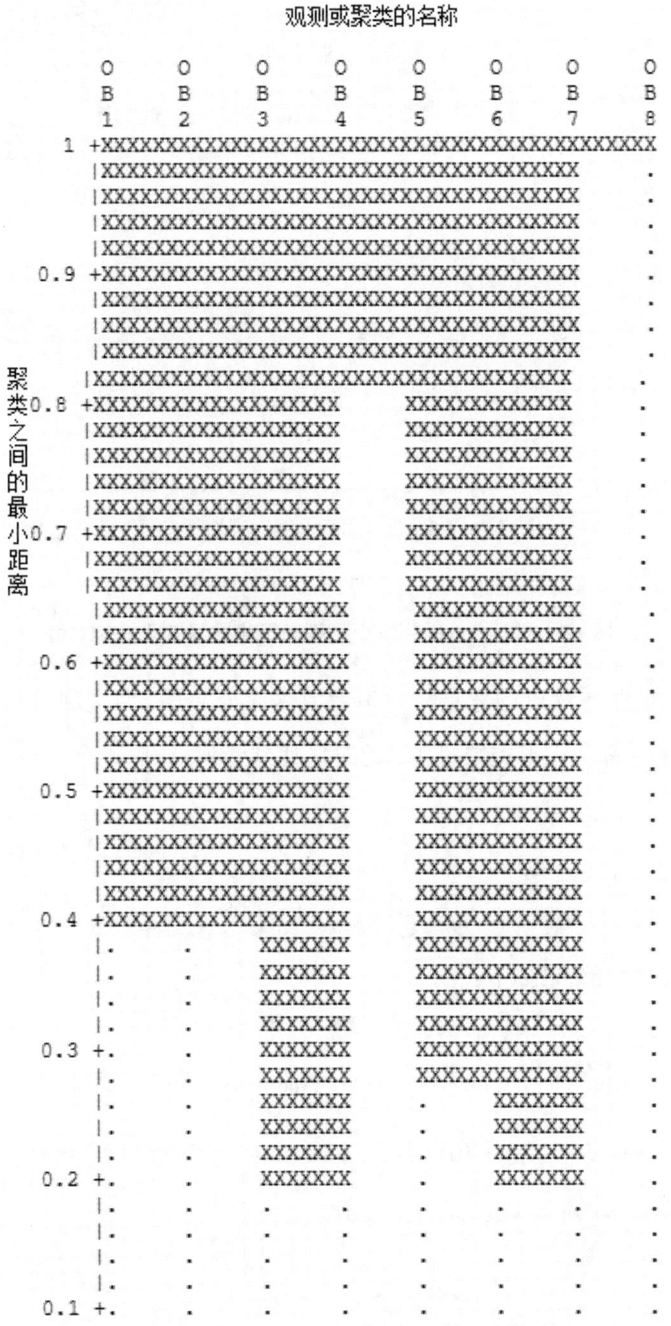

图9-4 例9-2中8个样本的聚类过程图

画出数据集 iris 中 14 个模型随着聚类数目变化的 BIC 值(见图 9-5)。

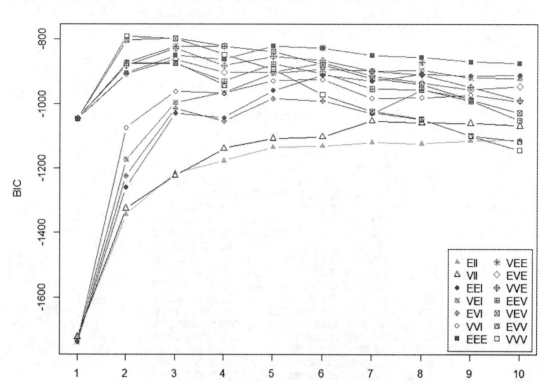

图 9-5　数据集 iris 中 14 个模型随聚类数目变化的 BIC 值

BIC 值越大,说明所选取的变量集合拟合效果越好。图 9-5 中除了 6 个模型一直递增,其他 8 个模型基本上都是在聚类数目为 2 的时候达到峰值,所以该算法得出最佳聚类数目为 2 的结论。

脚本程序如下:

```
summary(m_clust)
```

该脚本程序的运行结果如下:

```
> summary(m_clust)
----------------------------------------------------
Gaussian finite mixture model fitted by EM algorithm
----------------------------------------------------

Mclust VVV (ellipsoidal, varying volume, shape, and orientation) model with 2 components:

 log-likelihood   n df      BIC      ICL
     -322.6936 150 29 -790.6956 -790.6969

Clustering table:
  1   2
 50 100
```

可见 Mclust()函数已经把数据集 iris 聚类为 2 种类型了,数目分别为 50 和 100。

选定2类为最佳聚类数目后,用factoextra包下的fviz_cluster()函数可对聚类结果进行可视化呈现,脚本程序如下:

```
library(factoextra)
hua.clust <- kmeans(mydata,2)
fviz_cluster(hua.clust,data = mydata)
```

图9-6显示数据集iris很直观地聚成2类,红颜色部分由50个样本组成,而绿颜色部分由100个样本组成。

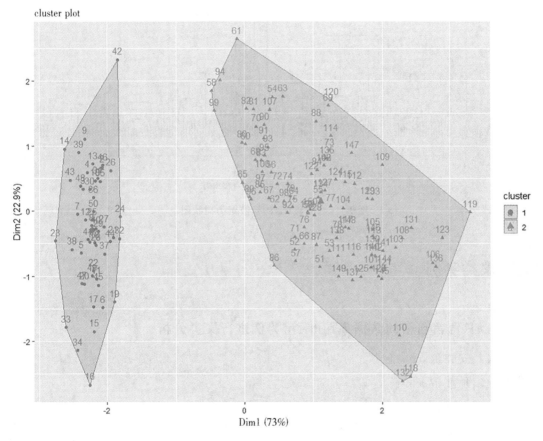

**图9-6 数据集iris聚成2类的可视化图**

确定最佳聚类数目后,可以利用hclust()函数对数据集iris进行系统聚类分析。系统聚类的脚本程序如下:

```
h_dist <- dist(as.matrix(mydata))
h_clust <- hclust(h_dist)
plot(h_clust,hang = -1,labels = FALSE)
rect.hclust(h_clust,2)
```

数据集iris的系统聚类树状图如图9-7所示。

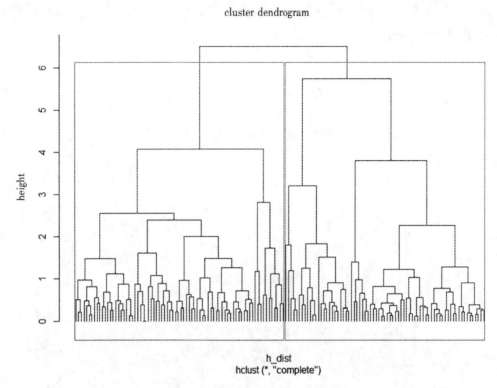

图 9-7  数据集 **iris** 的系统聚类树状图

## 9.3  聚类实例

### 1. 以 R 语言自带的数据集 nutrient 为例进行聚类分析

步骤 1：安装 flexclust 包。

步骤 2：加载 flexclust。

脚本程序如下：

```
library(flexclust)
```

步骤 3：加载数据集。

脚本程序如下：

```
data(nutrient)
```

此处的 nutrient 数据集为 R 基本包自带数据，该数据集包含有关不同食品中营养成分的信息。

步骤 4：查看数据集。

脚本程序如下：

```
head(nutrient)
```

或者以下脚本程序：

```
str(nutrient)
```

或者以下脚本程序：

```
summary(nutrient)
```

发现变量都是数值型的，但是各个变量的量纲有较大差异，故需先用scale()函数将数据标准化，再用欧氏距离计算距离矩阵。

步骤5：数据标准化及距离矩阵计算。

脚本程序如下：

```
nutrient.scaled <- scale(nutrient)
d.eu <- dist(nutrient.scaled,method = "euclidean")
```

步骤6：聚类分析并绘制聚类结果的树状图。

脚本程序如下：

```
hcl <- hclust(d.eu,method = "average")
plot(hcl,hang = -1)
```

步骤7：根据给定的类别个数绘制矩形，突出显示相应的簇。

脚本程序如下：

```
rect.hclust(hcl,k=5)
```

数据集nutrient的系统聚类树状图如图9-8所示。

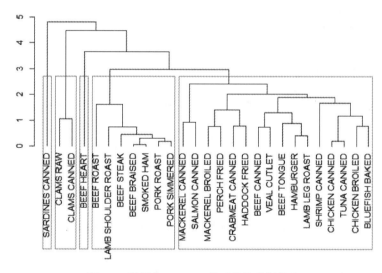

**图9-8　数据集nutrient的系统聚类树状图**

## 2. 输入本地数据并完成聚类分析

在RStudio中执行下面的脚本程序：

```
write.csv(nutrient,file="clusteranalysis.csv")
```

或者以下脚本程序：

```
write.csv(nutrient,file="C://Users/gjq/Desktop/ZFZ-R/zfz/clusteranalysis.csv")
```

利用 Excel 打开" clusteranalysis.csv"，并进行相应修改，加入自己的数据，保存为数据文件"nutrient.csv"。该数据文件代表22个藤茶样本中2种活性成分含量的测定值。其中前21个样本为龙须藤茶，第22个样本为老叶藤茶。

数据文件
"nutrient.csv"

接下来执行如下脚本程序：

```
cluster_analysis <- read.csv("C://Users/gjq/Desktop/ZFZ-R/zfz/nutrient.csv")
cluster_analysis
cluster_analysis.scaled <- scale(cluster_analysis[1:21,2:3])
#选择21个龙须藤茶样本进行测定值的标准化以及开展聚类分析
d.eu <- dist(cluster_analysis.scaled,method = "euclidean")
hcl <- hclust(d.eu,method = "average")
plot(hcl,hang = -1)
rect.hclust(hcl,k=4,border = 1:5)
```

21个龙须藤茶样本的层次聚类树状图如图9-9所示。

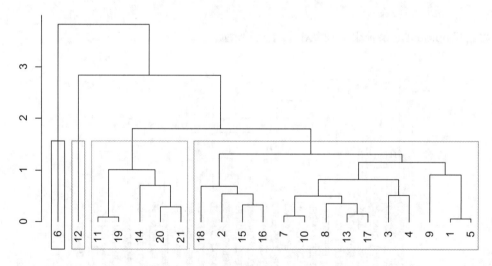

**图9-9　21个龙须藤茶样本的层次聚类树状图**

通过简单的参数修改，脚本程序如下：

```
cluster_analysis <- read.csv("C://Users/gjq/Desktop/ZFZ-R/zfz/nutrient.csv")
cluster_analysis
cluster_analysis.scaled <- scale(cluster_analysis[,2:3])
d.eu <- dist(cluster_analysis.scaled,method = "euclidean")
hcl <- hclust(d.eu,method = "average")
```

```
plot(hcl,hang = -1)
rect.hclust(hcl,k=5,border = 1:5)
```

可以得到含老叶藤茶的22个藤茶样本的层次聚类树状图(见图9-10)。由图9-10可以明显看出,老叶藤茶与龙须藤茶存在明显的区别。

那么如何在聚类图中显示样本的标志"Sample"呢?

脚本程序如下:

```
cluster_analysis <- read.csv("C://Users/gjq/Desktop/ZFZ-R/zfz/nutrient.csv")
cluster_analysis
r <- matrix(c(cluster_analysis[,2],cluster_analysis[,3]),nrow = 22,
    dimnames = list(c(cluster_analysis[,1])))
```

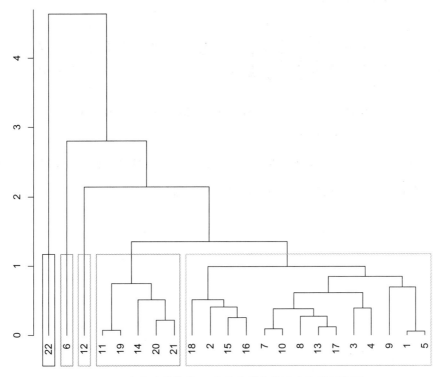

**图9-10 含老叶藤茶的22个藤茶样本的层次聚类树状图**

1～21为龙须藤茶,22为老叶藤茶

将22行2列的数据定义为矩阵形式,并将该矩阵赋值给变量 $r$ ;利用dimnames()函数来设置该矩阵的行名称,脚本程序如下:

```
cluster.scaled <- scale(r)
d.eu <- dist(cluster.scaled,method = "euclidean")
hcl <- hclust(d.eu,method ="average")
plot(hcl,hang = -1)
rect.hclust(hcl,k=5,border = 1:5)
```

22个藤茶样本(含Sample标记)的层次聚类树状图如图9-11所示。

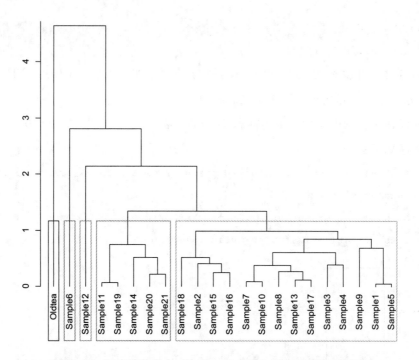

**图9-11　22个藤茶样本（含Sample标记）的层次聚类树状图**

Sample1~Sample21 为龙须藤茶，Oldtea 为老叶藤茶

如果只要对21个龙须藤茶进行聚类分析，并显示样本标志，那么只要对上述程序进行微小变动，将"nrow ＝ 22"修改为"nrow ＝ 21"即可得到图9-12。

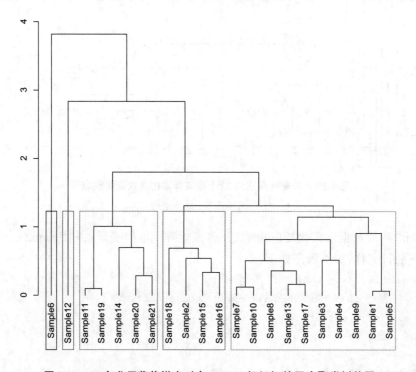

**图9-12　21个龙须藤茶样本（含Sample标记）的层次聚类树状图**

进一步将"$k=5$"修改为"$k=4$"，即得到21个龙须藤茶样本的层次聚类为4的树状图9-13。

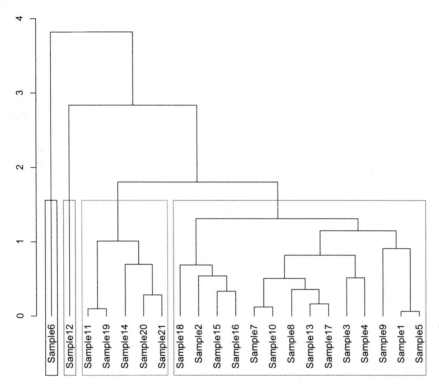

**图9-13　21个龙须藤茶样本（含Sample标记）的层次聚类（$k$=4）树状图**

### 3. 针对例9-2，利用R语言进行聚类分析并可视化

步骤1：创建数据集。

脚本程序如下：

```
data <- data.frame(
    x = c(2,2,4,4,-4,-2,-3,-1),
    y = c(5,3,4,3,3,2,2,-3)
)
```

步骤2：思考聚类关键问题：聚为几类比较合适。

脚本程序如下：

```
library(mclust)
m_clust <- Mclust(as.matrix(data),G = 1:8)
plot(m_clust,"BIC")
```

从图9-14可以看出，聚为3类比较合适。

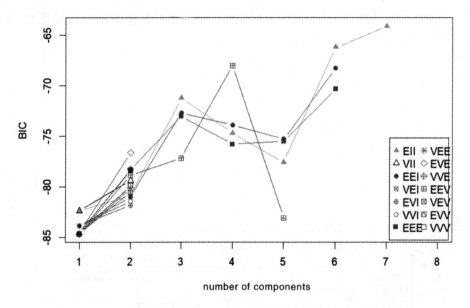

**图9-14 例9-2的数据集聚类BIC值**

步骤3：进行 k-means 聚类。

脚本程序如下：

```
kmeans_result <- kmeans(data,centers = 3)

kmeans_result                                    # 查看聚类结果

cluster_labels <- kmeans_result$cluster          # 获取聚类标签

cluster_centers <- kmeans_result$centers         # 获取聚类中心点

cluster_labels

cluster_centers
```

该脚本程序的运行结果如下：

```
> kmeans_result
K-means clustering with 3 clusters of sizes 3, 1, 4

Cluster means:
   x        y
1 -3   2.333333
2 -1  -3.000000
3  3   3.750000

Clustering vector:
[1] 3 3 3 3 1 1 1 2

Within cluster sum of squares by cluster:
[1] 2.666667 0.000000 6.750000
 (between_SS / total_SS =  91.4 %)

Available components:

[1] "cluster"      "centers"      "totss"        "withinss"     "tot.withinss"
[6] "betweenss"    "size"         "iter"         "ifault"
```

```
> cluster_labels
[1] 3 3 3 3 1 1 1 2
> cluster_centers
    x        y
1  -3  2.333333
2  -1 -3.000000
3   3  3.750000
```

步骤4:可视化呈现。

脚本程序如下:

```
library(ggplot2)  #导入ggplot2包

data <- cbind(data,cluster=kmeans_result$cluster)

#原始数据集和聚类结果合并

ggplot(data,aes(x=x,y=y,color=factor(cluster)))+geom_point(size = 3) +

#绘制数据点

geom_point(data = as.data.frame(kmeans_result$centers),aes(x,y),

#绘制聚类中心点

color="black",size=5,shape=4) + scale_color_discrete(name = "Cluster") +

#设置图例标题

labs(title = "K-means Clustering with Centers") +

#设置图表标题

theme_bw()          #使用网格线风格主题
```

带中心点的K-means聚类如图9-15所示。

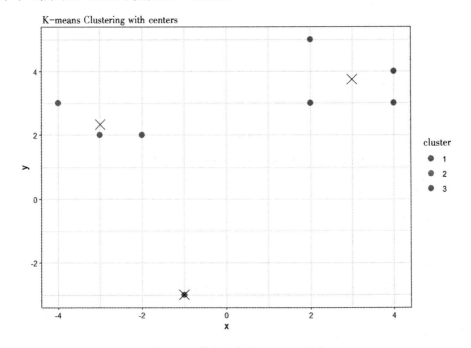

**图9-15 带中心点的K-means聚类**

聚类结果可视化呈现除了 ggplot2 以外，还可以使用 fviz_cluster()函数。相应的脚本程序如下：

```
data <- data.frame(
    x = c(2,2,4,4,-4,-2,-3,-1),
    y = c(5,3,4,3,3,2,2,-3)
)
library(factoextra)
kmeans_result <- kmeans(data,centers = 3,nstart = 3)
fviz_cluster(kmeans_result,data = data)
```

例 9-2 的数据集 fviz_cluster()函数可视化聚类图如图 9-16 所示。

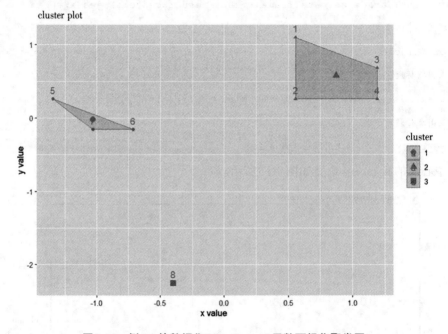

**图 9-16**　例 9-2 的数据集 **fviz_cluster()**函数可视化聚类图

步骤 5：构建层次聚类树状图。

脚本程序如下：

```
data <- data.frame(x = c(2,2,4,4,-4,-2,-3,-1),y = c(5,3,4,3,3,2,2,-3))
library(flexclust)
h_dist <- dist(as.matrix(data),method = "euclidean")
hcl <- hclust(h_dist,method = "single")
plot(hcl,hang = -1)
abline(h=3,col="red")
```

例9-2数据集系统聚类树状图如图9-17所示。

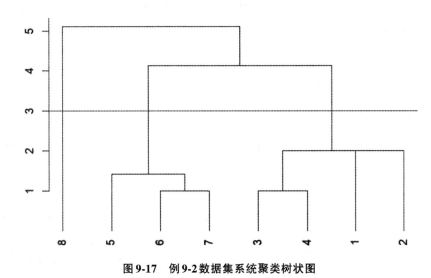

**图9-17　例9-2数据集系统聚类树状图**

## 9.4　利用R语言计算 $R^2$ 和半偏 $R^2$

在R语言中进行聚类分析时,通常可以使用一些额外的指标来评估聚类的质量,其中包括 $R^2$(R-squared)和半偏 $R^2$(semi-partial R-squared)。

### 1. 计算 $R^2$

在聚类分析中, $R^2$ 通常用来评估聚类的总体拟合度,即聚类中心对原始数据的解释程度。在kmeans()函数中,可以通过计算聚类内部方差和总方差的比例来得到 $R^2$ 值。此处仍然以例9-2的数据集为例,说明利用R语言计算 $R^2$ 的过程。

脚本程序如下:

```
data <- data.frame(
    x = c(2,2,4,4,-4,-2,-3,-1),
    y = c(5,3,4,3,3,2,2,-3)
)
kmeans_result <- kmeans(data,centers = 3,nstart = 3)
#kmeans_result是通过kmeans()函数得到的聚类结果
total_ss <- sum(kmeans_result$withinss)         #总的聚类内部方差
between_ss <- sum(kmeans_result$betweenss)       #总的聚类之间方差
r_squared <- between_ss / (between_ss + total_ss) #计算R²
```

该脚本程序的运行结果如下:

```
> # 计算R方
> r_squared <- between_ss / (between_ss + total_ss)
> r_squared
[1] 0.9139048
```

从以上运行结果可以看出,当原始数据集聚为 3 类时,$R^2$ 为 0.914。这个结果与 SAS Studio 输出的结果完全一致(见图 9-2)。

### 2. 计算半偏 $R^2$

根据第 9.2 节中半偏 $R^2$ 的计算公式,结合 R 语言特点,不难看出原始数据集聚为 3 类时的半偏 $R^2$ 计算方法的脚本程序如下:

```
kmeans_result <- kmeans(data,centers = 3,nstart = 3)    #聚为3类

total_ss <- sum(kmeans_result$withinss)                 #合并后的总的聚类内部方差
                                                        (聚为3类)

between_ss <- sum(kmeans_result$betweenss)              #合并后的总的聚类之间方差
                                                        (聚为3类)

total_ss

between_ss
```

该脚本程序的运行结果如下:

```
> data <- data.frame(
+     x = c(2,2,4,4,-4,-2,-3,-1),
+     y = c(5,3,4,3,3,2,2,-3)
+ )
> kmeans_result <- kmeans(data, centers = 3, nstart = 3)
> total_ss <- sum(kmeans_result$withinss)  # 总的聚类内部方差
> between_ss <- sum(kmeans_result$betweenss)  # 总的聚类之间方差
> total_ss
[1] 9.416667
> between_ss
[1] 99.95833
```

运行以下脚本程序:

```
kmeans_result2 <- kmeans(data,centers = 4,nstart = 4)   #合并前分为4类

total_ss2 <- sum(kmeans_result2$withinss)               #合并前总的聚类内部方差

between_ss2 <- sum(kmeans_result2$betweenss)            #合并前总的聚类之间方差

total_ss2

between_ss2
```

该脚本程序的运行结果如下:

```
> kmeans_result2 <- kmeans(data, centers = 4, nstart = 4)  #合并前分为4类
> total_ss2 <- sum(kmeans_result2$withinss)  # 合并前总的聚类内部方差
> between_ss2 <- sum(kmeans_result2$betweenss)  # 合并前总的聚类之间方差
> total_ss2
[1] 5.166667
> between_ss2
[1] 104.2083
```

从以上运行结果可以看出，无论合并前还是合并后，总平方和是不变的。然后根据半偏 $R^2$ 计算公式，可计算聚为3类的半偏 $R^2$。

脚本程序如下：

```
Semi_partial_Rsquared <- (total_ss-total_ss2)/(total_ss+between_ss)
Semi_partial_Rsquared
```

该脚本程序的运行结果如下：

```
> Semi_partial_Rsquared <- (total_ss-total_ss2)/(total_ss+between_ss)
> Semi_partial_Rsquared
[1] 0.03885714
```

显然，这里的半偏 $R^2$ 等于0.039，与图9-2显示的结果也是完全一致的。

## 9.5　聚类与判别分析

【例9-3】　10个品种果实的果形特征如表9-5所示。

表9-5　10个品种果实的果形特征

| 品种 | 纵径/mm | 横径/mm | 果形指数 | 萼片数 | 单果重/g |
| --- | --- | --- | --- | --- | --- |
| 1 | 25.18 | 26.82 | 0.95 | 4 | 10.98 |
| 2 | 27.78 | 22.43 | 1.24 | 3 | 8.41 |
| 3 | 37.56 | 39.42 | 0.94 | 4 | 35.89 |
| 4 | 38.62 | 39.24 | 0.99 | 5 | 34.41 |
| 5 | 26.93 | 23.34 | 1.15 | 5 | 9.22 |
| 6 | 26.71 | 23.74 | 1.12 | 4.5 | 9.07 |
| 7 | 29.04 | 26.07 | 1.12 | 4 | 12.07 |
| 8 | 21.95 | 24.35 | 0.9 | 4 | 8.5 |
| 9 | 47.27 | 23.18 | 2.05 | 4 | 17.37 |
| 10 | 21.8 | 22.06 | 0.99 | 4 | 6.69 |

请对这10个品种进行聚类分析，并对未知样本(纵径29.32、横径24.10、果形指数1.22、萼片数4、单果重10.02)进行聚类判别分析。

表9-5的数据存储为数据文件"聚类判别分析.xlsx"。

步骤1：进行聚类分析。

脚本程序如下：

数据文件
"聚类判别分析.xlsx"

```
library(readxl)
guoxing <- read_excel("C:/Users/gjq/Desktop/聚类判别分析.xlsx")
guoxing_scaled <- scale(guoxing[,2:6])
d.eu <- dist(guoxing_scaled,method = "eu")
```

该脚本程序的运行结果如下：

```
> guoxing_scaled <- scale(guoxing[,2:6])
> d.eu <- dist(guoxing_scaled, method = "eu")
> guoxing_scaled
          纵径        横径       果形指数      萼片数       单果重
 [1,] -0.6198234 -0.03694187 -0.57996172 -0.2587318 -0.3933342
 [2,] -0.3040826 -0.69887993  0.28254545 -1.9836105 -0.6294633
 [3,]  0.8835884  1.86292590 -0.60970335 -0.2587318  1.8953727
 [4,]  1.0123135  1.83578493 -0.46099521  1.4661469  1.7593917
 [5,] -0.4073056 -0.56166726  0.01487081  1.4661469 -0.5550413
 [6,] -0.4340221 -0.50135400 -0.07435407  0.6037076 -0.5688231
 [7,] -0.1510698 -0.15002924 -0.07435407 -0.2587318 -0.2931860
 [8,] -1.0120706 -0.40937627 -0.72866985 -0.2587318 -0.6211942
 [9,]  2.0627587 -0.58579256  2.69161721 -0.2587318  0.1937729
[10,] -1.0302864 -0.75466970 -0.46099521 -0.2587318 -0.7874952
attr(,"scaled:center")
      纵径        横径   果形指数     萼片数      单果重
   30.284    27.065     1.145      4.150     15.261
attr(,"scaled:scale")
      纵径        横径      果形指数      萼片数       单果重
 8.2346034  6.6320405  0.3362291  0.5797509 10.8838754

> d.eu
           1          2         3         4         5         6         7         8         9
2  2.0767129
3  3.3329879 4.2567033
4  3.7141035 5.1300811 1.7415850
5  1.9172068 3.4651836 4.1127712 3.6532374
6  1.1315643 2.6231985 3.7984968 3.7239740 0.8696575
7  0.7058239 1.8815728 3.1935707 3.5545312 1.8129640 1.0115674
8  0.6054746 2.1407687 3.8864048 4.2252722 1.9802446 1.2317766 1.1594403
9  4.3064379 3.8821744 4.6022629 4.7257599 4.0991097 3.9008968 3.6025897 4.6742093
10 0.9236499 2.0207716 4.2112490 4.5104888 1.9186050 1.1665378 1.2379196 0.4678302 4.5273944
```

聚类关键问题思考，即10个品种聚为几类更合适。脚本程序如下：

```
library(mclust)

m_clust <- Mclust(as.matrix(guoxing_scaled),G = 1:9)

plot(m_clust,"BIC")
```

10个品种果形特征数据聚类的BIC值如图9-18所示。

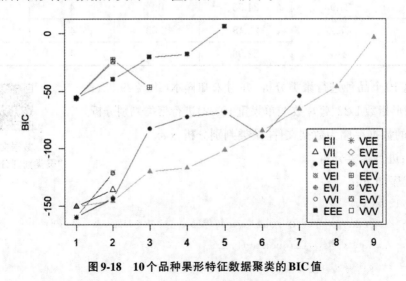

**图9-18　10个品种果形特征数据聚类的BIC值**

由图9-18可以判断,聚为3类较好,此时可以计算$R^2$并进行验证。

脚本程序如下:

```
for (i in 2:9){kmeans_result <- kmeans(guoxing_scaled,centers = i,nstart = 1)
  total_ss <- sum(kmeans_result$withinss)
  between_ss <- sum(kmeans_result$betweenss)
  r_squared <- between_ss/(between_ss + total_ss)
  print(r_squared)
}
```

该脚本程序的运行结果如下:

```
> for (i in 2:9){kmeans_result <- kmeans(guoxing_scaled, centers = i, nstart = 1)
+ total_ss <- sum(kmeans_result$withinss)
+ between_ss <- sum(kmeans_result$betweenss)
+ r_squared <- between_ss / (between_ss + total_ss)
+ print(r_squared)}
[1] 0.4624325
[1] 0.7735219
[1] 0.8725337
[1] 0.9311535
[1] 0.9648548
[1] 0.9554635
[1] 0.9891648
[1] 0.9975682
```

从$R^2$运行结果来看,显然数据支持聚为3类,与上述BIC值一致。接下来可以构建层次聚类树状图。脚本程序如下:

```
library(flexclust)
hcl <- hclust(d.eu,method = "single")
plot(hcl,hang = -1)
abline(h=2.5,col="red")
```

10个品种层次聚类树状图如图9-19所示。

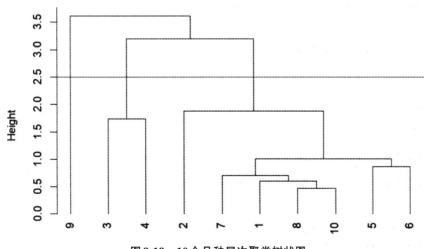

**图9-19 10个品种层次聚类树状图**

由图9-19可以看出,品种9为第1类,品种3和4聚为第2类,其他7个品种聚为第3类。

步骤2:判别分析。

运行以下脚本程序:

```
fenlei <- c(3,3,2,2,3,3,3,3,1,3)
raw_data <- data.frame(guoxing[,2:6],fenlei)
raw_data
#查看判别分析前的数据
```

该脚本程序的运行结果如下:

```
> fenlei <- c(3, 3, 2, 2, 3, 3, 3, 3, 1, 3)
> raw_data <- data.frame(guoxing[,2:6], fenlei)
> raw_data
    纵径   横径 果形指数 萼片数 单果重 fenlei
1  25.18 26.82     0.95    4.0  10.98      3
2  27.78 22.43     1.24    3.0   8.41      3
3  37.56 39.42     0.94    4.0  35.89      2
4  38.62 39.24     0.99    5.0  34.41      2
5  26.93 23.34     1.15    5.0   9.22      3
6  26.71 23.74     1.12    4.5   9.07      3
7  29.04 26.07     1.12    4.0  12.07      3
8  21.95 24.35     0.90    4.0   8.50      3
9  47.27 23.18     2.05    4.0  17.37      1
10 21.80 22.06     0.99    4.0   6.69      3
```

再运行以下脚本程序:

```
library(MASS)
lda.model<-lda(fenlei~纵径+横径+果形指数+萼片数+单果重,data = raw_data)
summary(lda.model)
unknown_data <- data.frame(纵径 = 29.32,横径 = 24.10,果形指数 = 1.22,
   萼片数 = 4,单果重 = 10.02)          #填入未知样本的特征数据
predictions <- predict(lda.model,unknown_data)
predictions
```

该脚本程序的运行结果如下:

```
> predictions
$class
[1] 3
Levels: 1 2 3

$posterior
             1            2 3
1 1.414706e-50 5.066529e-181 1

$x
        LD1        LD2
1 7.360872 0.06105609
```

从以上运行结果可以看出,未知样本判别为第3类,该样本属于第3类的后验概率,等于1。

**习题9-1**

以例9-1中的内容为数据,利用R语言进行系统聚类分析,并说明聚成几类比较合适?

数据文件
"例9-1数据.csv"

习题9-1
参考答案

R语言在主成分分析(principal component analysis,PCA)和主成分回归分析中有着广泛的应用。主成分分析是将多个相关变量转化为少数几个无关变量的一种降维方法。主成分回归分析则是在主成分分析的基础上进行的回归分析。

## 10.1 主成分分析的过程

### 10.1.1 数据标准化

为了统一数据的量纲并对数据进行中心化,在主成分分析之前往往需要对原始数据进行标准化。下面以R语言自带的iris范例数据集为例,探索主成分分析的具体过程。

```
data <- iris                        #将R语言自带的范例数据集iris储存为变量data
head(data)                          #head()函数用于显示数据框或向量的前几行
dt <- as.matrix(scale(data[,1:4]))  #对原数据进行Z-score归一化
head(dt)
```

该程序脚本的运行结果如下:

```
> data <- iris
> head(data)
  Sepal.Length Sepal.Width Petal.Length Petal.Width Species
1          5.1         3.5          1.4         0.2  setosa
2          4.9         3.0          1.4         0.2  setosa
3          4.7         3.2          1.3         0.2  setosa
4          4.6         3.1          1.5         0.2  setosa
5          5.0         3.6          1.4         0.2  setosa
6          5.4         3.9          1.7         0.4  setosa
> dt <- as.matrix(scale(data[,1:4]))
> head(dt)
     Sepal.Length Sepal.Width Petal.Length Petal.Width
[1,]   -0.8976739  1.01560199    -1.335752   -1.311052
[2,]   -1.1392005 -0.13153881    -1.335752   -1.311052
[3,]   -1.3807271  0.32731751    -1.392399   -1.311052
[4,]   -1.5014904  0.09788935    -1.279104   -1.311052
[5,]   -1.0184372  1.24503015    -1.335752   -1.311052
[6,]   -0.5353840  1.93331463    -1.165809   -1.048667
```

## 10.1.2 计算相关系数（协方差）矩阵

既然主成分分析主要是选取解释变量方差最大的主成分,那么需要先计算变量两两之间的协方差,再根据协方差与方差的关系,位于协方差矩阵对角线上的数值即为相应变量的方差。此外,由于对数据进行了 Z-score 归一化(变量的均值为 0,标准差为 1),因此,由相关系数的计算公式($r_{xy} = \dfrac{\mathrm{cov}(x, y)}{\sqrt{D(x)D(y)}}$)可知,此时相关系数其实等于协方差。运行以下脚本程序:

```
rm1 <- cor(dt)          #cor()函数用于计算相关系数矩阵
rm1
```

该脚本程序的运行结果如下:

```
> rm1 <- cor(dt)
> rm1
             Sepal.Length Sepal.width Petal.Length Petal.width
Sepal.Length    1.0000000  -0.1175698    0.8717538   0.8179411
Sepal.Width    -0.1175698   1.0000000   -0.4284401  -0.3661259
Petal.Length    0.8717538  -0.4284401    1.0000000   0.9628654
Petal.Width     0.8179411  -0.3661259    0.9628654   1.0000000
```

## 10.1.3 求解特征值和相应的特征向量

运行以下脚本程序:

```
rs1 <- eigen(rm1)

rs1
```

该脚本程序的运行结果如下:

```
> rs1 <- eigen(rm1)
> rs1
eigen() decomposition
$values
[1] 2.91849782 0.91403047 0.14675688 0.02071484

$vectors
           [,1]        [,2]        [,3]       [,4]
[1,]  0.5210659 -0.37741762   0.7195664  0.2612863
[2,] -0.2693474 -0.92329566  -0.2443818 -0.1235096
[3,]  0.5804131 -0.02449161  -0.1421264 -0.8014492
[4,]  0.5648565 -0.06694199  -0.6342727  0.5235971
```

运行以下脚本程序:

```
val <- rs1$values     #提取结果中的特征值, 即各主成分的方差

val
```

该脚本程序的运行结果如下:

```
> val <- rs1$values
> val
[1] 2.91849782 0.91403047 0.14675688 0.02071484
```

运行以下脚本程序:

```
Standard_deviation <- sqrt(val)        #换算成标准差(standard deviation)

Standard_deviation
```

该脚本程序的运行结果如下:

```
> Standard_deviation <- sqrt(val)
> Standard_deviation
[1] 1.7083611 0.9560494 0.3830886 0.1439265
```

运行以下脚本程序:

```
Proportion_of_Variance <- val/sum(val)                          #计算方差贡献率

Cumulative_Proportion <- cumsum(Proportion_of_Variance)         #计算方差累积贡献率

Proportion_of_Variance

Cumulative_Proportion
```

该脚本程序的运行结果如下:

```
> Proportion_of_Variance <- val/sum(val)
> Cumulative_Proportion <- cumsum(Proportion_of_Variance)
> Proportion_of_Variance
[1] 0.729624454 0.228507618 0.036689219 0.005178709
> Cumulative_Proportion
[1] 0.7296245 0.9581321 0.9948213 1.0000000
```

运行以下脚本程序:

```
par(mar = c(8,6,2,2))   #画布分割

plot(rs1$values,type = "b",cex = 2,cex.lab = 1,cex.axis = 1,lty = 1,

    lwd = 2,xlab = "主成分编号",ylab = "特征值（主成分方差）")
```

plot()函数中的参数 type="b"表示绘制带有线条和点的图形;cex=2表示绘制图形时将文本和符号的放大(character expansion)比例设置为原始大小的两倍;cex.axis = 1表示将坐标轴标签(axis labels)的大小设置为原始大小的一倍;lty 和 lwd 分别是 plot()函数中用来设置线条类型和线条宽度的参数。

程序输出的碎石图如图 10-1 所示。

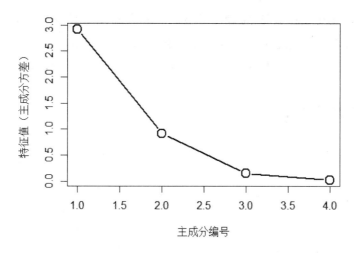

图 10-1  碎石图

## 10.1.4  计算主成分得分

运行以下脚本程序：

```
U<-as.matrix(rs1$vectors)      #提取特征向量
U
```

该脚本程序的运行结果如下：

```
> U<-as.matrix(rs1$vectors)
> U
           [,1]          [,2]         [,3]         [,4]
[1,]   0.5210659  -0.37741762   0.7195664    0.2612863
[2,]  -0.2693474  -0.92329566  -0.2443818   -0.1235096
[3,]   0.5804131  -0.02449161  -0.1421264   -0.8014492
[4,]   0.5648565  -0.06694199  -0.6342727    0.5235971
```

运行以下脚本程序：

```
PC <- dt %*% U       #进行矩阵乘法，获得主成分得分（PC score）；其中dt为归一化后的数据矩阵
                     （150行4列），而U为4行4列的矩阵
colnames(PC) <- c("PC1","PC2","PC3","PC4")    #给得分矩阵的每列赋予一个名称
head(PC)                                      #显示得分矩阵前6行的信息
```

该脚本程序的运行结果如下：

```
> PC <- dt %*% U
> colnames(PC) <- c("PC1", "PC2", "PC3", "PC4")
> head(PC)
          PC1         PC2          PC3          PC4
[1,]  -2.257141  -0.4784238   0.12727962   0.024087508
[2,]  -2.074013   0.6718827   0.23382552   0.102662845
[3,]  -2.356335   0.3407664  -0.04405390   0.028282305
[4,]  -2.291707   0.5953999  -0.09098530  -0.065735340
[5,]  -2.381863  -0.6446757  -0.01568565  -0.035802870
[6,]  -2.068701  -1.4842053  -0.02687825   0.006586116
```

从以上运行结果中可以发现,得分矩阵第1行第1列的元素是这么计算出来的:

$$-2.257141 = -0.8976739 \times 0.5210659 + 1.01560199 \times (-0.2693474)$$
$$-1.335752 \times 0.5804131 - 1.311052 \times 0.5648565$$

## 10.1.5 绘制主成分散点图

将iris数据集的第5列数据合并进得分矩阵,并转换成数据框,脚本程序如下:

```
df<-data.frame(PC,iris$Species)
```

显示合并后矩阵的前面6行数据,脚本程序如下:

```
head(df)
```

该脚本程序的运行结果如下:

```
> df<-data.frame(PC,iris$Species)
> head(df)
        PC1         PC2          PC3         PC4 iris.Species
1 -2.257141 -0.4784238  0.12727962  0.024087508      setosa
2 -2.074013  0.6718827  0.23382552  0.102662845      setosa
3 -2.356335  0.3407664 -0.04405390  0.028282305      setosa
4 -2.291707  0.5953999 -0.09098530 -0.065735340      setosa
5 -2.381863 -0.6446757 -0.01568565 -0.035802870      setosa
6 -2.068701 -1.4842053 -0.02687825  0.006586116      setosa
```

载入ggplot2包,脚本程序如下:

```
library(ggplot2)
```

提取主成分的方差贡献率,生成$x$坐标轴标题,脚本程序如下:

```
xlab<-paste("PC1(",round(Proportion_of_Variance[1]*100,2),"%)")
xlab<-paste0("PC1(",round(Proportion_of_Variance[1]*100,2),"%)")
xlab
```

注意:比较去掉paste后面的"0"的程序输出结果的异同:

```
> xlab<-paste("PC1(",round(Proportion_of_Variance[1]*100,2),"%)")
> xlab
[1] "PC1( 72.96 %)"
> xlab<-paste0("PC1(",round(Proportion_of_Variance[1]*100,2),"%)")
> xlab
[1] "PC1(72.96%)"
```

利用相同的方式,可以生成$y$坐标轴标题,脚本程序如下:

```
ylab<-paste0("PC2(",round(Proportion_of_Variance[2]*100,2),"%)")
ylab
```

该脚本程序的运行结果如下:

```
> ylab<-paste0("PC2(",round(Proportion_of_Variance[2]*100,2),"%)")
> ylab
[1] "PC2(22.85%)"
```

绘制散点图并添加置信椭圆,脚本程序如下:

```
p1<-ggplot(data = df,aes(x=PC1,y=PC2,color=iris.Species))+
    stat_ellipse(aes(fill=iris.Species),type="norm",geom="polygon",alpha=0.2,
    color=NA) + geom_point()+labs(x=xlab,y=ylab,color="")+ guides(fill= "none")
```

以上程序中,函数和参数的说明如下。

·df为整合有主成分得分信息和种属信息的数据框。

·stat_ellipse()函数:为根据数据的分布情况,在散点图中绘制椭圆。

·aes()是ggplot2中用来映射从数据变量到图形属性的函数,它可以根据数据的特定变量来设置图形的视觉属性,如颜色、形状、大小等。

·aes(fill = iris.Species):iris数据集包含3个不同的物种,分别是setosa、versicolor和virginica。通过设置aes(fill = iris.Species),stat_ellipse()函数会为每个物种生成不同颜色的椭圆,从而使得不同物种之间的椭圆在图形中以不同的填充色展示出来。

stat_ellipse()函数中的参数意义如下。

·type="norm":表示要绘制的椭圆是基于数据的正态分布。stat_ellipse()函数将会根据数据的均值和协方差矩阵来计算与绘制一个近似于正态分布的椭圆。

·geom="polygon":通常用于控制stat_ellipse()函数的行为,指定要绘制的图形类型为多边形(polygon)。

·alpha=0.2:表示将对象(如图形的填充或边界)的透明度设置为20%。这样做有助于在图形中展示重叠数据点或多个图层时,保持图形的可读性。

·color=NA(等同于color ="")):表示绘制的椭圆不会有可见的边框。

·guides(fill = "none"):通常用于控制图例(legend)中填充颜色的显示方式。

运行以下脚本程序:

```
p1
```

带置信椭圆的主成分散点图如图10-2所示。

下面尝试使用3个主成分绘制3D散点图。

载入scatterplot3d包的脚本程序如下:

```
library(scatterplot3d)
```

给不同的种属信息加入颜色标签,脚本程序如下:

```
color = c(rep('purple',50),rep('orange',50),rep('blue',50))
scatterplot3d(df[,1:3],color=color,
pch = 16,angle=30,
box=T,type="p",
lty.hide=2,lty.grid = 2)
#pch用于指定点的类型 (point character), pch = 16 表示使用实心圆点作为绘图中的点标记;
  lty用于指定线的类型, 2表示虚线
```

```
legend("topleft",c('Setosa','Versicolor','Virginica'),
fill=c('purple','orange','blue'),box.col=NA)
```

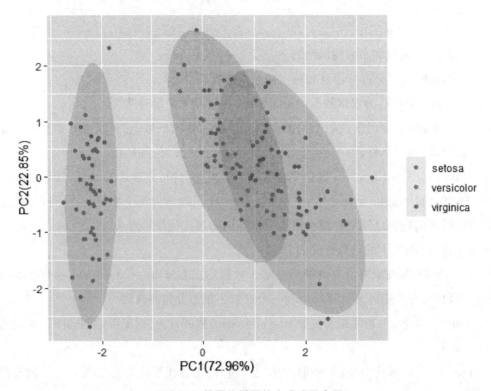

图10-2　带置信椭圆的主成分散点图

由3个主成分绘制的3D散点图如图10-3所示。

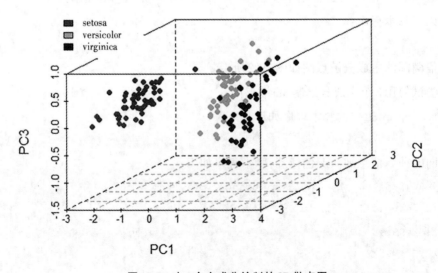

图10-3　由3个主成分绘制的3D散点图

## 10.2　主成分分析函数

R语言中最常见的两个PCA函数：prcomp()和princomp()。了解了主成分分析的具体步骤后，接下来使用这两个"一步到位"的函数来验证以上分析过程的正确性。

### 1. prcomp()函数

运行prcomp()函数的脚本程序：

```
com1 <- prcomp(data[,1:4],center = TRUE,scale. = TRUE)
#scale. = TRUE表示分析前对数据进行了归一化处理
com1
summary(com1)
```

该脚本程序的运行结果如下：

```
> com1 <- prcomp(data[,1:4], center = TRUE, scale. = TRUE)
> com1
Standard deviations (1, .., p=4):
[1] 1.7083611 0.9560494 0.3830886 0.1439265

Rotation (n x k) = (4 x 4):
                   PC1          PC2         PC3         PC4
Sepal.Length  0.5210659 -0.37741762  0.7195664  0.2612863
Sepal.Width  -0.2693474 -0.92329566 -0.2443818 -0.1235096
Petal.Length  0.5804131 -0.02449161 -0.1421264 -0.8014492
Petal.Width   0.5648565 -0.06694199 -0.6342727  0.5235971
> summary(com1)
Importance of components:
                          PC1     PC2      PC3      PC4
Standard deviation     1.7084  0.9560  0.38309  0.14393
Proportion of Variance 0.7296  0.2285  0.03669  0.00518
Cumulative Proportion  0.7296  0.9581  0.99482  1.00000
```

以上运行结果中显示了4个主成分的标准差（特征值开平方）、特征向量、方差贡献率和累计方差贡献率。这些结果与第10.1.3节中的结果完全一致。

### 2. princomp()函数

如果使用princomp()函数，那么需要先做归一化，因为princomp()函数并无数据来标准化相关的参数。而默认使用协方差矩阵（covariance matrix）所得到的结果与使用相关系数矩阵所得到的结果有细微差异；由相关系数计算公式可知，归一化后的相关系数近似等于协方差。

运行以下princomp()函数的脚本程序：

```
com2 <- princomp(dt)
summary(com2)
com3 <- princomp(dt,cor = T)
summary(com3)
```

该脚本程序的运行结果如下：

```
> com2 <- princomp(dt)
> summary(com2)
Importance of components:
                       Comp.1    Comp.2     Comp.3      Comp.4
Standard deviation  1.7026571 0.9528572 0.38180950 0.143445939
Proportion of Variance 0.7296245 0.2285076 0.03668922 0.005178709
Cumulative Proportion  0.7296245 0.9581321 0.99482129 1.000000000
> com3 <- princomp(dt,cor = T)
> summary(com3)
Importance of components:
                       Comp.1    Comp.2     Comp.3      Comp.4
Standard deviation  1.7083611 0.9560494 0.38308860 0.143926497
Proportion of Variance 0.7296245 0.2285076 0.03668922 0.005178709
Cumulative Proportion  0.7296245 0.9581321 0.99482129 1.000000000
```

注意，princomp()函数只适用于行数大于列数的矩阵，即只能在样本比变量多的情况下使用，否则会报错。

通过比较分析得到 Standard deviation、Proportion of Variance、Cumulative Proportion，发现3种主成分分析的方法得到的结果完全一致。

### 3. PCA 结果可视化

以 prcomp()函数的结果为例，提取 150 个样本的 4 个主成分得分（PC1～PC4 score）数据。

提取 PC score，并将其赋值给 df1 变量，脚本程序如下：

```
df1<-com1$x
```

显示 df1 变量的前 6 行数据，脚本程序如下：

```
head(df1)
```

该脚本程序的运行结果如下：

```
> df1<-com1$x
> head(df1)
          PC1        PC2         PC3         PC4
[1,] -2.257141 -0.4784238  0.12727962  0.024087508
[2,] -2.074013  0.6718827  0.23382552  0.102662845
[3,] -2.356335  0.3407664 -0.04405390  0.028282305
[4,] -2.291707  0.5953999 -0.09098530 -0.065735340
[5,] -2.381863 -0.6446757 -0.01568565 -0.035802870
[6,] -2.068701 -1.4842053 -0.02687825  0.006586116
```

从以上运行结果可以发现，prcomp()函数输出的主成分得分与第 10.1.4 节中的结果完全一致。

将 iris 数据集的第 5 列种属信息数据合并进得分矩阵，并转换成数据框格式，脚本程序如下：

```
df1<-data.frame(df1,iris$Species)
head(df1)
```

该脚本程序的运行结果如下：

```
> df1<-data.frame(df1,iris$Species)
> head(df1)
        PC1        PC2         PC3         PC4 iris.Species
1 -2.257141 -0.4784238  0.12727962  0.024087508       setosa
2 -2.074013  0.6718827  0.23382552  0.102662845       setosa
3 -2.356335  0.3407664 -0.04405390  0.028282305       setosa
4 -2.291707  0.5953999 -0.09098530 -0.065735340       setosa
5 -2.381863 -0.6446757 -0.01568565 -0.035802870       setosa
6 -2.068701 -1.4842053 -0.02687825  0.006586116       setosa
```

下面对分析结果进行可视化，即绘制散点图并添加置信椭圆（见图 10-4 和图 10-5）。提取主成分的方差贡献率，生成坐标轴标题。脚本程序如下：

```
summ<-summary(com1)

xlab<-paste0("PC1(",round(summ$importance[2,1]*100,2),"%)")

ylab<-paste0("PC2(",round(summ$importance[2,2]*100,2),"%)")

p2<-ggplot(data = df1,aes(x=PC1,y=PC2,color=iris.Species))+

stat_ellipse(aes(fill=iris.Species),

    type = "norm", geom ="polygon",alpha=0.2,color=NA)+

    geom_point()+labs(x=xlab,y=ylab,color="")+

    guides(fill="none")

p2+scale_fill_manual(values = c("purple","orange","blue"))

#scale_fill_manual()函数用于设置填充颜色，通常用于自定义图形中的颜色填充
```

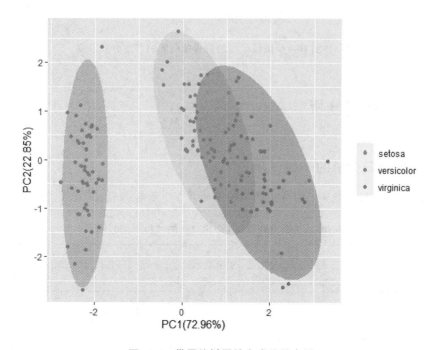

**图 10-4　带置信椭圆的主成分散点图**

如果对最后一行脚本进行适当调整,散点的颜色就会发生变化。调整后的脚本程序如下:

```
p2+scale_fill_manual(values = c("purple","orange","blue"))+
    scale_colour_manual(values = c("purple","orange","blue"))
#scale_colour_manual()与scale_fill_manual()类似,专门调整基于手动定义的颜色比例尺的
    线条或点的颜色
```

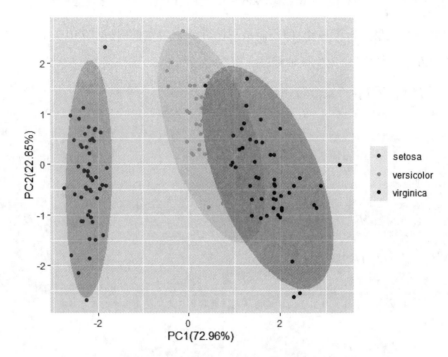

**图10-5   图10-4参数修改后的带置信椭圆的主成分散点图**

## 10.3   主成分回归分析

### 1. 主成分回归分析的一般过程

表10-1是5个自变量与1个因变量的试验原始数据。查看数据,并完成主成分回归分析。

**表10-1   5个自变量和1个因变量的试验原始数据**

| $x_1$ | $x_2$ | $x_3$ | $x_4$ | $x_5$ | $Y$ |
|---|---|---|---|---|---|
| 15.57 | 2463 | 472.92 | 18 | 4.45 | 566.52 |
| 44.02 | 2048 | 1339.75 | 9.5 | 6.92 | 696.82 |
| 20.42 | 3940 | 620.25 | 12.8 | 4.28 | 1033.15 |
| 18.74 | 6505 | 568.33 | 36.7 | 3.9 | 1603.62 |

| $x_1$ | $x_2$ | $x_3$ | $x_4$ | $x_5$ | $Y$ |
|---|---|---|---|---|---|
| 49.2 | 5723 | 1497.6 | 35.7 | 5.5 | 1611.37 |
| 44.92 | 11520 | 1365.83 | 24 | 4.6 | 1613.27 |
| 55.48 | 5779 | 1687 | 43.3 | 5.62 | 1854.17 |
| 59.28 | 5969 | 1639.92 | 46.7 | 5.15 | 2160.55 |
| 94.39 | 8461 | 2872.33 | 78.7 | 6.18 | 2305.58 |
| 128.02 | 20106 | 3655.08 | 180.5 | 6.15 | 3503.93 |
| 96 | 13313 | 2912 | 60.9 | 5.88 | 3571.89 |
| 131.42 | 10771 | 3921 | 103.7 | 4.88 | 3741.4 |
| 127.21 | 15543 | 3865.67 | 126.8 | 5.5 | 4026.52 |
| 252.9 | 36194 | 7684.1 | 157.7 | 7 | 10343.81 |
| 409.2 | 34703 | 12446.33 | 169.4 | 10.78 | 11732.17 |
| 463.7 | 39204 | 14098.4 | 331.4 | 7.05 | 15414.94 |
| 510.22 | 86533 | 15524 | 371.6 | 6.35 | 18854.45 |

步骤1:进行一般的多元线性回归分析。

首先给出6个变量的描述性统计(见表10-2),以便进行多重共线性诊断。

**表10-2 6个变量的描述性统计**

| 变量 | 平均值 | 标准差 | 膨胀系数 VIF |
|---|---|---|---|
| $x_1$ | 148.27588 | 161.03858 | 9597.57076 |
| $x_2$ | 18163.23529 | 21278.11055 | 7.94059 |
| $x_3$ | 4480.61824 | 4906.64206 | 8933.08650 |
| $x_4$ | 106.31765 | 107.95415 | 23.29386 |
| $x_5$ | 5.89353 | 1.58407 | 4.27984 |
| $Y$ | 4978.48000 | 5560.53359 | |

由表10-2可知,VIF非常大,表明存在明显共线性。

然后给出6个变量之间的相关系数(见表10-3),以及一般线性回归模型分析结果(见表10-4和表10-5)。

**表10-3 6个变量之间的相关系数**

| | $x_1$ | $x_2$ | $x_3$ | $x_4$ | $x_5$ | $Y$ |
|---|---|---|---|---|---|---|
| $x_1$ | 1.00000 | 0.00000 | 0.00000 | 0.00000 | 0.00318 | 0.00000 |
| $x_2$ | 0.90738 | 1.00000 | 0.00000 | 0.00000 | 0.07228 | 0.00000 |

|       | $x_1$   | $x_2$   | $x_3$   | $x_4$   | $x_5$   | $Y$     |
|-------|---------|---------|---------|---------|---------|---------|
| $x_3$ | 0.99990 | 0.90715 | 1.00000 | 0.00000 | 0.00318 | 0.00000 |
| $x_4$ | 0.93569 | 0.91047 | 0.93317 | 1.00000 | 0.06135 | 0.00000 |
| $x_5$ | 0.67120 | 0.44665 | 0.67111 | 0.46286 | 1.00000 | 0.01497 |
| $Y$   | 0.98565 | 0.94517 | 0.98599 | 0.94036 | 0.57858 | 1.00000 |

表 10-4　方差分析表

| 方差来源 | 平方和           | 自由度（df） | 均方              | $F$ 值     | 显著水平  |
|----------|------------------|--------------|-------------------|------------|-----------|
| 回归     | 490177488.12165  | 5            | 98035497.62433    | 237.79008  | 0.00000   |
| 剩余     | 4535052.36735    | 11           | 412277.48794      |            |           |
| 总的     | 494712540.48900  | 16           | 30919533.78056    |            |           |

表 10-5　回归系数的显著性检验

| 变量 $x$ | 回归系数     | 标准系数   | 标准误差    | $t$ 值     | 显著水平  |
|----------|--------------|------------|-------------|------------|-----------|
| $b_0$    | 1962.94803   |            | 1071.36166  | 1.83220    | 0.09184   |
| $b_1$    | −15.85167    | −0.45908   | 97.65299    | −0.16233   | 0.87375   |
| $b_2$    | 0.05593      | 0.21403    | 0.02126     | 2.63099    | 0.02194   |
| $b_3$    | 1.58962      | 1.40269    | 3.09208     | 0.51409    | 0.61652   |
| $b_4$    | −4.21867     | −0.08190   | 7.17656     | −0.58784   | 0.56754   |
| $b_5$    | −94.31413    | −0.11233   | 209.63954   | −1.88091   | 0.08446   |

从表 10-5 可以看出，回归系数基本都不显著，表明存在多重共线性的问题，因此不适合进行多元线性回归分析。

步骤 2：对自变量进行主成分分析，给出主成分分析结果（见表 10-6、表 10-7 和表 10-8）。

表 10-6　自变量的 5 个主成分特征

| 主成分 | 特征值   | 百分率 /（%） | 累计百分率 /（%） |
|--------|----------|---------------|-------------------|
| 1      | 4.19712  | 83.94234      | 83.94234          |
| 2      | 0.66748  | 13.34968      | 97.29202          |
| 3      | 0.09463  | 1.89266       | 99.18469          |
| 4      | 0.04071  | 0.81423       | 99.99892          |
| 5      | 0.00005  | 0.00108       | 100.00000         |

**表 10-7　特征值对应的特征向量**

| | $x_1$ | $x_2$ | $x_3$ | $x_4$ | $x_5$ |
|---|---|---|---|---|---|
| $Z_1$ | 0.48529 | 0.45324 | 0.48498 | 0.46097 | 0.33374 |
| $Z_2$ | −0.00203 | −0.33561 | −0.00085 | −0.31080 | 0.88925 |
| $Z_3$ | −0.16623 | 0.80424 | −0.15396 | −0.53720 | 0.11524 |
| $Z_4$ | −0.46819 | 0.18747 | −0.50926 | 0.63386 | 0.29073 |
| $Z_5$ | −0.71948 | −0.00116 | 0.69408 | 0.02344 | 0.00678 |

将标准化后的数据矩阵乘以特征向量矩阵,即得自变量主成分得分矩阵。

**表 10-8　自变量主成分得分(取特征值累积达到 99% 以上时的主成分个数)**

| 主成分 | $Z(i,1)$ | $Z(i,2)$ | $Z(i,3)$ | $Y$ |
|---|---|---|---|---|
| $N(1)$ | −1.81170 | −0.30609 | 0.00379 | 566.52000 |
| $N(2)$ | −1.16504 | 1.11100 | 0.15353 | 696.82000 |
| $N(3)$ | −1.80908 | −0.40993 | 0.06350 | 1033.15000 |
| $N(4)$ | −1.74265 | −0.73249 | 0.01723 | 1603.62000 |
| $N(5)$ | −1.24284 | 0.18037 | 0.04845 | 1611.37000 |
| $N(6)$ | −1.38486 | −0.38253 | 0.26886 | 1613.27000 |
| $N(7)$ | −1.14627 | 0.22486 | 0.00905 | 1854.17000 |
| $N(8)$ | −1.21993 | −0.05181 | −0.03732 | 2160.55000 |
| $N(9)$ | −0.58559 | 0.39431 | −0.10235 | 2305.58000 |
| $N(10)$ | 0.26954 | −0.09984 | −0.23024 | 3503.93000 |
| $N(11)$ | −0.61267 | 0.20059 | 0.14488 | 3571.89000 |
| $N(12)$ | −0.48828 | −0.44453 | −0.30515 | 3741.40000 |
| $N(13)$ | −0.17553 | −0.23818 | −0.18855 | 4026.52000 |
| $N(14)$ | 1.46850 | 0.18695 | 0.29779 | 10343.81000 |
| $N(15)$ | 3.22479 | 2.29596 | 0.14744 | 11732.17000 |
| $N(16)$ | 3.55409 | −0.33631 | −0.86803 | 15414.94000 |
| $N(17)$ | 4.86750 | −1.59233 | 0.57712 | 18854.45000 |

步骤 3:进行主成分回归分析(因变量事先可以进行标准化,也可以不进行标准化,此处因变量未进行标准化处理)。

主成分回归分析结果如表 10-9 和表 10-10 所示。

**表 10-9　主成分回归−方差分析表**

| 方差来源 | 平方和 | 自由度 (df) | 均方 | $F$ 值 | 显著水平 |
|---|---|---|---|---|---|
| 回归 | 484175253.05598 | 3 | 161391751.01866 | 199.11128 | 0.00000 |

| 方差来源 | 平方和 | 自由度（df） | 均方 | F 值 | 显著水平 |
|---|---|---|---|---|---|
| 剩余 | 10537287.43303 | 13 | 810560.57177 | | |
| 总的 | 494712540.48900 | 16 | 30919533.78056 | | |

表 10-10　主成分-回归系数显著性检验

| 变量 $Z$ | 回归系数 | 标准系数 | 标准误差 | $t$ 值 | 显著水平 | VIF |
|---|---|---|---|---|---|---|
| $b_0$ | 4978.47984 | | 218.35758 | 22.79967 | 0.00000 | 1.00 |
| $b_1$ | 2664.87153 | 0.98183 | 109.86444 | 24.25600 | 0.00000 | 1.00 |
| $b_2$ | −814.79027 | −0.11972 | 275.49407 | −2.95756 | 0.01039 | 1.00 |
| $b_3$ | 353.29264 | 0.01955 | 731.66281 | 0.48286 | 0.63666 | 1.00 |

未标准化的因变量 $Y$ 对三个主成分的线性回归通过检验，也没有多重共线性问题，说明回归拟合效果较好，即

$$Y = 4978.47984 + 2664.87153 Z_1 − 814.79027 Z_2 + 353.29264 Z_3$$

将前面 $Z_1$、$Z_2$ 和 $Z_3$ 的表达式代入，可得未标准化 $Y$ 关于标准化自变量的回归方程。

$$Z_1 = 0.48529 x_1* + 0.45324 x_2* + 0.48498 x_3* + 0.46097 x_4* + 0.33374 x_5*$$

$$Z_2 = −0.00203 x_1* − 0.33561 x_2* − 0.00085 x_3* − 0.31080 x_4* + 0.88925 x_5*$$

$$Z_3 = −0.16623 x_1* + 0.80424 x_2* − 0.15396 x_3* − 0.53720 x_4* + 0.11524 x_5*$$

标准化变量系数及其标准化变量的表达式如表 10-11 所示。

表 10-11　标准化变量系数及其标准化变量的表达式

| 标准化变量系数 | $std(x_i)$ 的表达式 |
|---|---|
| $1236.148190 std(x_1)$ | $std(x_1) = (x_1 − 148.2759)/161.0386$ |
| $1765.393344 std(x_2)$ | $std(x_2) = (x_2 − 18163.2353)/21278.1105$ |
| $1238.704012 std(x_3)$ | $std(x_3) = (x_3 − 4480.6182)/4906.6421$ |
| $1291.872390 std(x_4)$ | $std(x_4) = (x_4 − 106.3176)/107.9542$ |
| $205.526701 std(x_5)$ | $std(x_5) = (x_5 − 5.8935)/1.5841$ |

将标准化自变量转换为原始自变量，即可得到原始自变量与因变量的回归模型。主成分回归方程为

$$Y = −834.761535 + 7.676100 x_1 + 0.082968 x_2 + 0.252455 x_3 + 11.966861 x_4 + 129.745739 x_5$$

主成分回归方程的拟合误差如表 10-12 所示。

表 10-12　主成分回归方程的拟合误差

| 样本号 | 观察值 | 拟合值 | 误差 |
|---|---|---|---|
| 1 | 566.52000 | 401.26733 | 165.25267 |

续表

| 样本号 | 观察值 | 拟合值 | 误差 |
|---|---|---|---|
| 2 | 696.82000 | 1022.80963 | −325.98963 |
| 3 | 1033.15000 | 513.94920 | 519.20080 |
| 4 | 1603.62000 | 937.46236 | 666.15764 |
| 5 | 1611.37000 | 1536.62045 | 74.74955 |
| 6 | 1613.27000 | 1694.68043 | −81.41043 |
| 7 | 1854.17000 | 1743.80506 | 110.36494 |
| 8 | 2160.55000 | 1756.55935 | 403.99065 |
| 9 | 2305.58000 | 3060.52759 | −754.94759 |
| 10 | 3503.93000 | 5696.77520 | −2192.84520 |
| 11 | 3571.89000 | 3233.52582 | 338.36418 |
| 12 | 3741.40000 | 3931.67223 | −190.27223 |
| 13 | 4026.52000 | 4638.18570 | −611.66570 |
| 14 | 10343.81000 | 8844.73273 | 1499.07727 |
| 15 | 11732.17000 | 11753.50015 | −21.33015 |
| 16 | 15414.94000 | 14417.03717 | 997.90283 |
| 17 | 18854.45000 | 19451.04692 | −596.59692 |

　　将主成分回归方程的拟合值与实际观察值(见表 10-12)进行可视化作图(见图 10-6),相关系数达到了 0.9893,复决定系数 $R^2$ 和调整 $R^2$ 分别达到 0.9787 和 0.9868,说明通过主成分回归分析得到的五元线性回归方程拟合情况好。

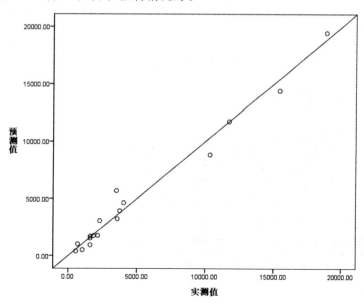

图 10-6　主成分回归拟合效果图

## 2. 主成分回归分析的 R 语言实现

表 10-1 的数据存储为数据文件"主成分回归 .csv",基于该文件,利用 R 语言可以方便开展主成分回归分析。

数据文件
"主成分回归 .csv"

步骤 1 : 查看数据。

脚本程序如下:

```
zfz <- read.csv("c:/Users/ZFZ/Desktop/主成分回归.csv")
cor(zfz)
MOD <- lm(Y ~ x1+x2+x3+x4+x5,data = zfz)
MOD
summary(MOD)
library(car)
vif(MOD)
```

该脚本程序的运行结果如下:

```
> cor(zfz)
          x1        x2        x3        x4        x5         Y
x1 1.0000000 0.9073795 0.9999040 0.9356913 0.6711974 0.9856464
x2 0.9073795 1.0000000 0.9071493 0.9104688 0.4466496 0.9451730
x3 0.9999040 0.9071493 1.0000000 0.9331680 0.6711095 0.9859925
x4 0.9356913 0.9104688 0.9331680 1.0000000 0.4628609 0.9403562
x5 0.6711974 0.4466496 0.6711095 0.4628609 1.0000000 0.5785796
Y  0.9856464 0.9451730 0.9859925 0.9403562 0.5785796 1.0000000
> MOD <- lm(Y ~ x1+x2+x3+x4+x5, data = zfz)
> MOD

Call:
lm(formula = Y ~ x1 + x2 + x3 + x4 + x5, data = zfz)

Coefficients:
(Intercept)           x1           x2           x3           x4           x5
 1962.94816    -15.85167      0.05593      1.58962     -4.21867   -394.31412

> summary(MOD)

Call:
lm(formula = Y ~ x1 + x2 + x3 + x4 + x5, data = zfz)

Residuals:
    Min      1Q  Median      3Q     Max
-611.93 -431.41  -70.77  332.60 1576.06

Coefficients:
             Estimate Std. Error t value Pr(>|t|)
(Intercept) 1962.94816 1071.36170   1.832   0.0941 .
x1           -15.85167   97.65299  -0.162   0.8740
x2             0.05593    0.02126   2.631   0.0234 *
x3             1.58962    3.09208   0.514   0.6174
x4            -4.21867    7.17656  -0.588   0.5685
x5          -394.31412  209.63954  -1.881   0.0867 .
---
Signif. codes:  0 '***' 0.001 '**' 0.01 '*' 0.05 '.' 0.1 ' ' 1

Residual standard error: 642.1 on 11 degrees of freedom
Multiple R-squared:  0.9908,    Adjusted R-squared:  0.9867
F-statistic: 237.8 on 5 and 11 DF,  p-value: 8.068e-11

> library(car)
> vif(MOD)
          x1          x2          x3          x4          x5
9597.570761    7.940593 8933.086501   23.293856    4.279835
```

从以上运行结果可以看出,多元线性回归方程极显著($F=237.8,p=8.068^{-11}$),除自变量$x_2$外,其余自变量的偏回归系数均不显著。而变量$x_1$和$x_3$的方差膨胀系数远大于10,根据第6.3节中"多重共线性的诊断"的原理,此处变量间存在严重的共线性问题。这些结果与第10.3节"1.主成分回归分析的一般过程"中描述的完全一致。

步骤2:主成分分析。

运行以下脚本程序:

```
dt <- zfz[,1:5]
eigen(cor(dt))
com <- princomp(dt,cor = T)
summary(com)
```

该脚本程序的运行结果如下:

```
> dt <- zfz[,1:5]
> eigen(cor(dt))
eigen() decomposition
$values
[1] 4.197117e+00 6.674841e-01 9.463320e-02 4.071172e-02 5.396856e-05

$vectors
            [,1]          [,2]         [,3]        [,4]          [,5]
[1,] -0.4852857 -0.0020286216  0.1662323 -0.4681910  0.719484364
[2,] -0.4532353 -0.3356050424 -0.8042392  0.1874698  0.001157547
[3,] -0.4849767 -0.0008547612  0.1539601 -0.5092619 -0.694078898
[4,] -0.4609693 -0.3107998673  0.5371985  0.6338604 -0.023439454
[5,] -0.3337372  0.8892512874 -0.1152393  0.2907328 -0.006781222

> com <- princomp(dt,cor = T)
> summary(com)
Importance of components:
                          Comp.1    Comp.2     Comp.3      Comp.4       Comp.5
Standard deviation     2.0486867 0.8169970 0.30762510 0.201771451 7.346330e-03
Proportion of Variance 0.8394234 0.1334968 0.01892664 0.008142344 1.079371e-05
Cumulative Proportion  0.8394234 0.9729202 0.99184686 0.999989206 1.000000e+00
```

再运行以下脚本程序:

```
Z <- as.matrix(scale(dt))
F <- eigen(cor(dt))
ZF <- Z %*% F$vectors
ZF
```

该脚本程序的运行结果如下:

```
> Z <- as.matrix(scale(dt))
> F <- eigen(cor(dt))
> ZF <- Z %*% F$vectors
> ZF
           [,1]        [,2]         [,3]         [,4]          [,5]
[1,] 1.8117012 -0.30608909 -0.003793147 -0.120048733 -0.0014818477
[2,] 1.1650378  1.11100291 -0.153527559  0.107036105 -0.0057435764
[3,] 1.8090831 -0.40993370 -0.063498148 -0.198160739  0.0012831518
[4,] 1.7426471 -0.73248822 -0.017234576 -0.094701578 -0.0023012602
[5,] 1.2428411  0.18037146 -0.048450899  0.001186792 -0.0043393665
[6,] 1.3848580 -0.38253267 -0.268857587 -0.155498064  0.0018868447
[7,] 1.1462689  0.22486014 -0.009052927  0.030412447 -0.0052344904
[8,] 1.2199268 -0.05180886  0.037321904 -0.040373038  0.0196869822
```

```
 [9,]   0.5855853   0.39431290   0.102352015   0.128525621  -0.0090041292
[10,]  -0.2695406  -0.09983887   0.230243698   0.644328130   0.0091804035
[11,]   0.6126741   0.20059356  -0.144881436   0.002901352  -0.0020095826
[12,]   0.4882774  -0.44452653   0.305148976  -0.159428331   0.0083586137
[13,]   0.1755253  -0.23818468   0.188547294   0.150022672  -0.0100340199
[14,]  -1.4685016   0.18694698  -0.297790705   0.026964086  -0.0006299075
[15,]  -3.2247927   2.29596004  -0.147435383  -0.172400437   0.0052295552
[16,]  -3.5540929  -0.33631413   0.868031304  -0.196053463  -0.0039350900
[17,]  -4.8674984  -1.59233124  -0.577122825   0.045287178  -0.0009122809
```

步骤 3:主成分回归分析过程。

运行以下脚本程序:

```
Y <- zfz[,6]

DATA <- data.frame(ZF[,1:3],Y)

MOD2 <- lm(Y ~ X1+X2+X3,data = DATA)
```

以上程序中的 $X_1$、$X_2$ 和 $X_3$ 分别是第 1 主成分、第 2 主成分和第 3 主成分的得分变量;利用主成分得分来开展多元回归分析,是主成分回归分析的鲜明特征。

运行以下脚本程序:

```
MOD2

summary(MOD2)
```

该脚本程序的运行结果如下:

```
> Y <- zfz[,6]
> DATA <- data.frame(ZF[,1:3],Y)
> MOD2 <- lm(Y ~ X1+X2+X3, data = DATA)
> MOD2

Call:
lm(formula = Y ~ X1 + X2 + X3, data = DATA)

Coefficients:
(Intercept)           X1           X2           X3
     4978.5       -2664.9       -814.8       -353.3

> summary(MOD2)

Call:
lm(formula = Y ~ X1 + X2 + X3, data = DATA)

Residuals:
     Min       1Q   Median       3Q      Max
-2192.85  -325.99    74.75   403.99  1499.08

Coefficients:
            Estimate Std. Error t value Pr(>|t|)
(Intercept)   4978.5      218.4  22.800 7.23e-12 ***
X1           -2664.9      109.9 -24.256 3.29e-12 ***
X2            -814.8      275.5  -2.958   0.0111 *
X3            -353.3      731.7  -0.483   0.6372
---
Signif. codes:  0 '***' 0.001 '**' 0.01 '*' 0.05 '.' 0.1 ' ' 1

Residual standard error: 900.3 on 13 degrees of freedom
Multiple R-squared:  0.9787,   Adjusted R-squared:  0.9738
F-statistic: 199.1 on 3 and 13 DF,  p-value: 4.103e-11
```

再运行以下脚本程序:

```
F$vectors[,1:3] %*% as.matrix(c(-2664.9, -814.8, -353.3))
```

该脚本程序的运行结果如下：

```
> F$vectors[,1:3] %*% as.matrix(c(-2664.9, -814.8, -353.3))
            [,1]
[1,] 1236.1608
[2,] 1765.4154
[3,] 1238.7167
[4,] 1291.8846
[5,]  205.5284
```

从以上程序中可以看出，标准化转换后变量的系数与表10-11中的一致。未标准化的因变量 $Y$ 关于标准化转换后的自变量的回归方程为

$$Y = 4978.5 + 1236.1608\text{std}(X_1) + 1765.4154\text{std}(X_2) + 1238.7167\text{std}(X_3)$$
$$+ 1291.8846\text{std}(X_4) + 205.5284\text{std}(X_5)$$

将标准化自变量转换为原始自变量，即可得到原始自变量与因变量的回归模型。可以利用R语言分两步完成，分别计算回归常数和回归系数。

回归常数的R语言脚本程序如下：

```
-1236.1608*mean(sta[,1])/sd(sta[,1])-1765.4154*mean(sta[,2])/
    sd(sta[,2])-1238.7167*mean(sta[,3])/sd(sta[,3])
-1291.8846*mean(sta[,4])/sd(sta[,4])-205.5284*mean(sta[,5])/
    sd(sta[,5])+4978.5
```

R语言的输出结果为：-834.8017。

回归系数的R语言脚本程序如下：

```
A <- F$vectors[,1:3] %*% as.matrix(c(-2664.9,-814.8,-353.3))
A
B <-c(1/sd(sta[,1]),1/sd(sta[,2]),1/sd(sta[,3]),1/sd(sta[,4]),1/sd(sta[,5]))
B
i <- c(1:5)
A[i]*B[i]
```

该脚本程序的运行结果如下：

```
> A <- F$vectors[,1:3] %*% as.matrix(c(-2664.9, -814.8, -353.3))
> A
            [,1]
[1,] 1236.1608
[2,] 1765.4154
[3,] 1238.7167
[4,] 1291.8846
[5,]  205.5284
> B <-c(1/sd(sta[,1]),1/sd(sta[,2]),1/sd(sta[,3]),1/sd(sta[,4]),1/sd(sta[,5]))
> B
[1] 6.209692e-03 4.699665e-05 2.038054e-04 9.263192e-03 6.312841e-01

> i <- c(1:5)
> A[i]*B[i]
[1]   7.67617794   0.08296862   0.25245711  11.96697444 129.74680777
```

因此方程为

$$Y = -834.8017.533 + 7.6762X_1 + 0.0830X_2 + 0.2525X_3 + 11.9670X_4 + 129.7468X_5$$

根据该方程得到的主成分回归拟合值的脚本程序如下：

```
C <- as.matrix(A[i]*B[i])
D <- as.matrix(zfz[,1:5])
E <- D %*% C
F <- as.matrix(rep(834.8017,times = 17))
F
FIT <- E-F
FIT
```

该脚本程序的运行结果如下：

```
> FIT <- E-F
> FIT
             [,1]
 [1,]     401.2390
 [2,]    1022.7870
 [3,]     513.9223
 [4,]     937.4402
 [5,]    1536.6039
 [6,]    1694.6669
 [7,]    1743.7905
 [8,]    1756.5450
 [9,]    3060.5265
[10,]    5696.8023
[11,]    3233.5277
[12,]    3931.6806
[13,]    4638.2018
[14,]    8844.7951
[15,]   11753.5909
[16,]   14417.1554
[17,]   19451.2254
```

步骤4：主成分回归的可视化作图。

R语言脚本程序如下：

```
library(ggplot2)
shuju <- data.frame(zfz[,6],FIT)
ggplot(shuju,aes(x=zfz$Y,y = FIT))+
geom_point(shape=17) +
xlab("实测值")+
ylab("预测值")+
geom_smooth(method = lm)
```

其中：geom_point(shape=17)用于指定图中的点应呈现为向上的三角形。这种形状是ggplot2中geom_point()可用的多种预定义形状之一，允许根据不同的分类或数值变量自定义点的外观。geom_smooth(method = lm)为使用线性回归来对图中的点进行平滑拟合。

　　带 95% 置信区间的主成分回归拟合效果如图 10-7 所示。

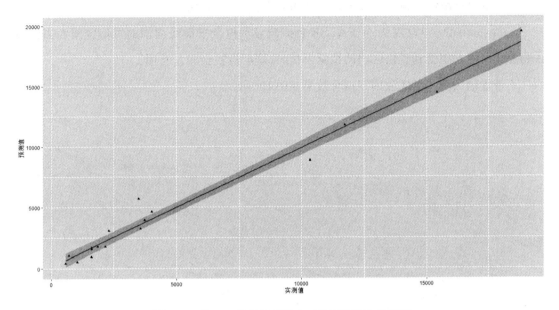

**图 10-7　带 95% 置信区间的主成分回归拟合效果图**

　　系统默认的置信区间为 0.95,也可以对其进行参数修改,脚本程序如下:

```
ggplot(shuju,aes(x=zfz$Y,y = FIT))+geom_point(shape=17) + xlab("实测值")+
    ylab("预测值")+geom_smooth(method = lm,level = 0.99)
```

　　带 99% 置信区间的主成分回归拟合效果如图 10-8 所示。

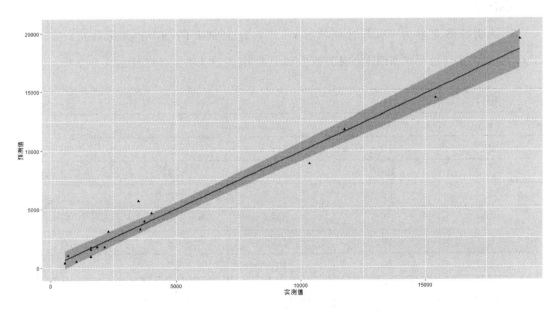

**图 10-8　带 99% 置信区间的主成分回归拟合效果图**

也可以不显示置信区间,脚本程序如下:

```
ggplot(shuju, aes(x=zfz$Y,y = FIT))+geom_point(shape=17) + xlab("实测值")+
    ylab("预测值")+geom_smooth(method = lm,se = FALSE)
```

geom_smooth()中设置 se = FALSE 会抑制显示拟合平滑线周围的置信区间。当仅关注趋势线而不希望受到置信区间的视觉干扰时,这项设置会非常有用。

不带置信区间的主成分回归拟合效果如图 10-9 所示。

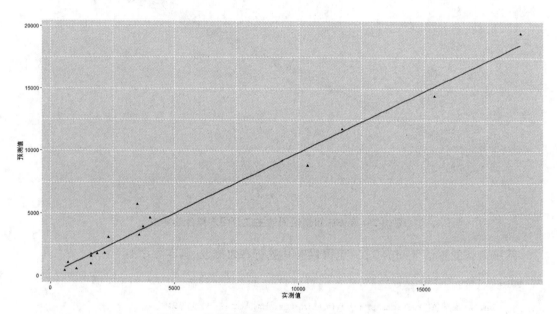

**图 10-9　不带置信区间的主成分回归拟合效果图**

习题 10-1

有 20 例肝病患者的 4 项肝功能指标 $x_1$(转氨酶量 SGPT)、$x_2$(肝大指数)、$x_3$(硫酸锌 (ZnT)浊度)及 $x_4$(胎甲球 AFP)的观测数据如下表,试对这 4 项指标进行主成分分析。

| 例号 | $x_1$ | $x_2$ | $x_3$ | $x_4$ |
| --- | --- | --- | --- | --- |
| 1 | 40 | 2.0 | 5 | 20 |
| 2 | 10 | 1.5 | 5 | 30 |
| 3 | 120 | 3.0 | 13 | 50 |
| 4 | 250 | 4.5 | 18 | 0 |
| 5 | 120 | 3.5 | 9 | 50 |
| 6 | 10 | 1.5 | 12 | 50 |
| 7 | 40 | 1.0 | 19 | 40 |
| 8 | 270 | 4.0 | 13 | 60 |
| 9 | 280 | 3.5 | 11 | 60 |

续表

| 例号 | $x_1$ | $x_2$ | $x_3$ | $x_4$ |
|---|---|---|---|---|
| 10 | 170 | 3.0 | 9 | 60 |
| 11 | 180 | 3.5 | 14 | 40 |
| 12 | 130 | 2.0 | 30 | 50 |
| 13 | 220 | 1.5 | 17 | 20 |
| 14 | 160 | 1.5 | 35 | 60 |
| 15 | 220 | 2.5 | 14 | 30 |
| 16 | 140 | 2.0 | 20 | 20 |
| 17 | 220 | 2.0 | 14 | 10 |
| 18 | 40 | 1.0 | 10 | 0 |
| 19 | 20 | 1.0 | 12 | 60 |
| 20 | 120 | 2.0 | 20 | 0 |

（1）写出前面2个主成分的表达式、方差贡献、方差贡献率及累积方差贡献率；

（2）计算前面2个主成分的因子载荷矩阵；

（3）说明第一个样品的PC1与PC2得分是怎么计算出来的。

**数据文件**
**"习题10-1数据.xlsx"**

习题 10-1

参考答案

# 参考文献

[1] https://posit.co/products/open-source/rstudio/.

[2] https://cran.r-project.org/bin/windows/base/.

[3] 张昊平,杨坚.食品试验设计与统计分析[M].3版.北京:中国农业大学出版社,2017.

[4] 周防震,罗凯.SPSS与试验设计和统计分析应用指南[M].武汉:华中科技大学出版社,2019.

[5] 章凯,黄国林,黄小兰,张高飞.响应面法优化微波辅助萃取柠檬皮中果胶的研究,精细化工,2010,27(1):52-56.

[6] 余家林.农业多元试验统计[M].北京:北京农业大学出版社,1993.

[7] 何晓群.多元统计分析[M].北京:中国人民大学出版社,2008.

[8] 周防震.生物统计学辅导与题解[M].北京:化学工业出版社,2018.

[9] 吴喜之.多元统计分析——R与Python的实现[M].北京:中国人民大学出版社,2019.

[10] 傅德印.应用多元统计分析[M].北京:高等教育出版社,2013.

[11] Ripley, B.D., Venables, W.N., and Bates, D.M. (2022). MASS: Support Functions and Datasets for Venables and Ripley's MASS. R package version 7.3-60. https://CRAN.R-project.org/package=MASS.

[12] Venables, W. N. & Ripley, B. D. (2002) Modern Applied Statistics with S. Fourth Edition. Springer, New York. ISBN 0-387-95457-0.

[13] Hadley Wickham and Jennifer Bryan (2023). readxl: Read Excel Files. R package version 1.4.2. https://CRAN.R-project.org/package=readxl.

[14] H. Wickham. ggplot2: Elegant Graphics for Data Analysis. Springer-Verlag New York, 2016.

[15] John Fox and Sanford Weisberg (2019). An {R} Companion to Applied Regression, Third Edition. Thousand Oaks CA: Sage. URL: https://socialsciences.mcmaster.ca/jfox/Books/Companion/.

[16] Virasakdi Chongsuvivatwong (2022). epiDisplay: Epidemiological Data Display Package.

R package version 3.5.0.2. https://CRAN.R-project.org/package＝epiDisplay

[17] Felipe de Mendiburu (2021). agricolae: Statistical Procedures for Agricultural Research. R package version 1.3-5. https://CRAN.R-project.org/package＝agricolae.

[18] Ulrike Gr"omping (2014). R Package FrF2 for Creating and Analyzing Fractional Factorial 2-Level Designs. Journal of Statistical Software, 56(1), 1-56. URL https://www.jstatsoft.org/v56/i01/.

[19] Grmping U (2018). R Package DoE.base for Factorial Experiments. Journal of Statistical Software, 85(5), 1-41. doi: 10.18637/jss.v085.i05(URL: https://doi.org/10.18637/jss.v085.i05).

[20] Hadley Wickham, Romain Franois, Lionel Henry, Kirill Müller and Davis Vaughan (2023). dplyr: A Grammar of Data Manipulation. R package version.[1] 1.2. https://CRAN.R-project.org/package＝dplyr.

[21] Taiyun Wei and Viliam Simko (2021). R package 'corrplot': Visualization of a Correlation Matrix (Version 0.92). Available from Ht,tps://github.com/taiyun/corrplot.

[22] William Revelle (2023). psych: Procedures for Psychological, Psychometric, and Personality Research_. Northwestern University, Evanston, Illinois. R package version 2.3.3, ＜URL: https://CRAN.R-project.org/package＝psych＞.

[23] Giovanni M. Marchetti, Mathias Drton and Kayvan Sadeghi (2020). ggm:Graphical Markov Models with Mixed Graphs. R package version 2.5. https://CRAN.R-project.org/package＝ggm.

[24] Uwe Menzel (2022). CCP: Significance Tests for Canonical Correlation Analysis(CCA). R package version 1.2. https://CRAN.R-project.org/package＝CCP.

[25] Carter T. Butts (2022). yacca: Yet Another Canonical Correlation Analysis Package. R package version 1.4-2. https://CRAN.R-project.org/package＝yacca.

[26] Russell V. Lenth (2009). Response-Surface Methods in R, Using rsm. Journal of Statistical Software, 32(7), 1-17. DOI: 10.18637/jss.v032.i07.

[27] https://www.sas.com/en_us/software/studio.html.

[28] Scrucca L., Fop M., Murphy T. B. and Raftery A. E. (2016) mclust 5:clustering, classification and density estimation using Gaussian finite mixture models The R Journal 8/1, pp. 289-317.

[29] Alboukadel Kassambara and Fabian Mundt (2020). factoextra: Extract and Visualize the Results of Multivariate Data Analyses. R package version 1.0.7. https://CRAN.R-project.org/package＝factoextra.

[30] Friedrich Leisch. A Toolbox for K-Centroids Cluster Analysis. Computational Statistics and Data Analysis, 51 (2), 526-544, 2006.

[31] Uwe Ligges, Martin Maechler, Sarah Schnackenberg(2023). Plots a three dimensional (3D) point cloud. R package version 2.7.0. https://cran.r-project.org/web/packages/scatterplot3d.